Photoshop 2022

视觉效果处理快速入门

李庆德　李明策　马凯｜著

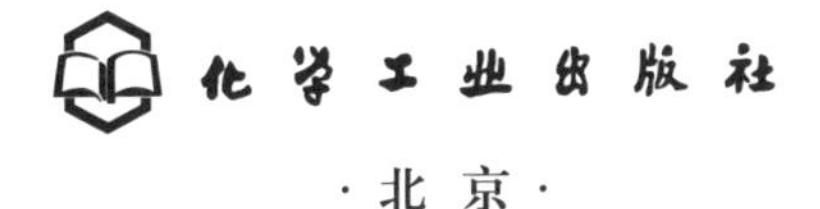
化学工业出版社

·北京·

内容简介

Photoshop 2022软件是很常用的图形图像处理软件，功能强大，深受广大平面设计人员和美术爱好者的青睐，被广泛应用于设计、排版、影像处理和互联网站建设等领域。本书简要介绍了Photoshop 2022软件的基本功能和操作，着重介绍了多种风格插画、海报以及手机拍摄的照片的处理过程和技巧；卡通特效和水墨特效的设计与处理过程；手绘作品的处理和商业宣传品的制作；利用素材制作奇幻和魔幻风格的平面设计作品等。

本书适宜平面设计从业人员以及相关的美术爱好者参考。

图书在版编目（CIP）数据

Photoshop 2022视觉效果处理快速入门/李庆德，李明策，马凯著.—北京：化学工业出版社，2023.1
ISBN 978-7-122-42407-5

Ⅰ.①P… Ⅱ.①李… ②李… ③马… Ⅲ.①图像处理软件 Ⅳ.①TP391.413

中国版本图书馆CIP数据核字（2022）第194420号

责任编辑：邢　涛　　文字编辑：郑云海
责任校对：宋　夏　　装帧设计：韩　飞

出版发行：化学工业出版社（北京市东城区青年湖南街13号　邮政编码100011）
印　　装：北京缤索印刷有限公司
787mm×1092mm　1/16　印张15½　字数319千字　2023年4月北京第1版第1次印刷

购书咨询：010-64518888　　售后服务：010-64518899
网　　址：http：//www.cip.com.cn
凡购买本书，如有缺损质量问题，本社销售中心负责调换。

定　　价：99.00元

前言

PREFACE

Photoshop（简称：PS）是 Adobe 公司旗下著名的图像处理软件之一，是集图像扫描、编辑修改、图像制作、广告创意、图像输入与输出于一体的图形图像处理软件，深受广大平面设计人员和电脑美术爱好者的青睐。它被广泛应用于美术设计、彩色排版和印刷、影像处理和 Web 图像应用等诸多领域。

在 Photoshop 2022 版本中，软件的界面与功能的结合趋于完美，各种命令与功能不仅得到了很好的扩展，还最大限度地为用户操作提供了简捷、有效的途径。Photoshop 2022 增加了轻松完成精确选择、内容感知型填充、操控变形等功能，还添加了用于创建和编辑 3D 和基于动画内容的突破性工具。

本书针对广大 PS 爱好者和学校教学的需求，进行了精心的章节策划与安排。全书分为三部分，共 9 章，系统地讲解了 Photoshop 2022 的软件基础、处理功能和应用技巧。第一部分为 Photoshop 2022 基础，共包括 2 章。第 1 章主要介绍 Photoshop 2022 的一些基本概念，并且对 Photoshop 的发展历程、专业术语、操作环境等进行简单介绍。第 2 章主要介绍 Photoshop 2022 的基本功能，主要包括文档的基础操作和图像编辑基本操作，引导读者逐步熟悉 Photoshop 2022 的最新功能。

第二部分为 Photoshop 2022 应用。第 3 章介绍了时下流行的风格插画效果，以及如何将手机拍出的照片处理成非主流风格的作品。第 4 章以好莱坞电影风格海报为例，主要对 Photoshop 2022 的渐变映射和液化处理等部分功能及知识进行了详细讲解。

第三部分为 Photoshop 2022 综合训练。第 5 章、第 6 章主要讲解了时尚插画风格和古风宣传照片的制作，采用现今流行的手绘插画素材进行案例展示。第 5 章的重点在于协调主体人物与手绘素材的关系，使作品具有视觉冲击力。第 6 章介绍水墨特效，即如何把普通的风景照处理成具有水墨效果风格的图片。第 7 章主要讲解奇幻风格作品的特征，以及如何利用多个素材制作梦幻唯美的奇幻人像作品。第 8 章为 Photoshop 2022 视觉效果处理功能在平面媒体中的应用实例，以及讲解如何通过相关素材合成影视海报、写真等作品。第 9 章为 Photoshop 2022 视觉效果处理在工业设计中的应用实例。

本书具体编写分工如下：第 1 ～ 5 章和第 6 章部分内容约 21 万字由李庆德（佛山科学技术学院）撰写，第 6 章部分内容约 2 万字由李明策（STIM SUKMA Medan）撰写，第 7 ～ 9 章约 9 万字由马凯（齐齐哈尔大学）撰写。本书在编写过程中得到了著者所在学校相关部门及领导的大力支持，在此深表谢意。由于著者水平有限，欠妥之处在所难免，恳请广大读者批评指正。

著　者

目录

01

01

第 1 章 Photoshop 2022 基础

Photoshop 2022 是一款十分强大的电脑图像处理软件，一直以来都被广泛应用于平面设计、创意合成、美工设计、UI 界面设计、图标以及 logo 制作、绘制和处理材质贴图等各个领域中，它还拥有强大的图像修饰、图像合成编辑以及调色功能，利用这些功能可以快速修复照片，也可以修复人脸上的斑点等缺陷、快速调色等。

1.1 Photoshop软件版本的发展历程

Photoshop软件是当今世界最为流行的电脑图像处理软件之一。Photoshop发展到今天，从某种程度上讲甚至已经成为图形图像编辑软件的标准。下面简要回顾一下Photoshop的发展历史，了解这一神奇软件的前世今生。

1987年秋，Thomas Knoll，一名攻读博士学位的研究生，编写了一个能够在黑白位图监视器上显示灰阶图像的软件，并命名为Display。而他兄弟John，这时在星球大战导演Lucas的电影特殊效果制作公司Industry Light Magic工作，对Thomas的软件很感兴趣。两兄弟在此后的一年多把Display不断修改为功能更为强大的图像编辑软件，经过多次改名后，在一个展会上他们接受了一个参展观众的建议把软件改名为Photoshop。

他们第一个商业成功是把Photoshop交给一个扫描仪公司搭配卖，名字叫作Barneyscan XP，版本是0.87。与此同时John继续寻找其他买家，包括SuperMac和Aldus，但都没有成功。最终他们找到了Adobe的Russell Brown（Adobe的艺术总监）。Russell Brown此时已经在考虑另外一家公司（Letraset）的ColorStudio图像编辑软件。看过Photoshop以后他认为Knoll兄弟的软件更有前途。1988年7月，他们口头决定合作，而真正的法律合同到次年4月才完成。合同里面的一个关键是Adobe获取Photoshop“license to distribute”，就是获权发行而不是买断所有版权。这为后来Knoll兄弟发大财奠定了基础。经过Thomas和Adobe工程师的努力，Photoshop 1.0.7版本于1990年2月正式发行。John Knoll也参与了一些插件的开发。第一个版本只有一个800KB的软盘。20世纪90年代初，美国的印刷工业发生了比较大的变化，印前（pre-press）电脑化开始普及。Photoshop在版本2.0中增加的CYMK功能，使得印刷厂开始把分色任务交给用户，一个新的行业——桌上印刷（Desktop Publishing，DTP)由此产生。

Adobe公司成立于1982年，为包括网络、印刷、视频、无线和宽带应用在内的泛网络传播（Network Publishing）提供优秀的解决方案。1990年，Photoshop 1.0版本发行，它简洁实用的功能给计算机图像处理行业带来巨大的冲击，如图1.1所示。1992年，Photoshop软件首次从2.5版本开始发售Windows版本的软件。1996年，Photoshop 4.0的发行获得了巨大的成功，4.0版本的成功给Adobe公司带来了很大的商业利益，并促使Adobe公司买断了Photoshop的所有权。5.0版本的Photoshop增加了历史面板及色彩管理功能，这在当时是一个非常重大的改进。1999 年，Photoshop 5.5 版本发布，将 Image Ready2.0 捆绑在一起销售，增强了 Photoshop 软件在 Web 上的处理能力。

图1.1 Photoshop 1.0的启动界面

图1.2 Photoshop 7.0启动界面

Photoshop 软件从 7.0 开始和数码摄影紧密结合，而之前版本的 Photoshop 软件所处理的图像素材大多来源于扫描，如图 1.2 所示。从 2003 年开始，新版本的 Photoshop 不再延续原来的叫法称为 Photoshop 8.0，而是与 Adobe 旗下其他软件产品整合，改称为 Photoshop CS。2010 年 4 月 12 日，Adobe Creative Suite 5 设计套装软件正式发布，如图 1.3 所示。Creative Suite 5（CS5）产品家族是 Adobe 公司的里程碑式的产品，该产品整合了所有创意工作流，使得设计师可以跨越印刷、网络、移动、交互、影音等媒介进行跨界设计，同时还消除了设计师与开发者之间的界限，为设计师进行创作提供了全新的用户体验。

图1.3 Adobe Creative Suite 5产品系列

另外，Photoshop 从 CS5 首次分为两个版本，分别是常规的标准版和支持 3D 功能的 Extended（扩展）版。Photoshop 2020 标准版适合摄影师以及印刷设计人员使用，Photoshop 2020 扩展版除了包含标准版的功能外还添加了用于创建和编辑 3D 和基于动画的内容的突破性工具。

Adobe 公司为了让自家庞大的软件群彼此协作，更好地占领市场，推出了一些适用于图形设计、视频编辑和 Web 开发应用程序的各类软件组合套装，2012 年发布的 Photoshop CS6 是 CS 系列的最后一个版本。

2013 年，Adobe 公司推出了一款名为 Adobe creative desktop 的应用软件，统一管理用户电脑中 Adobe 软件的安装、升级、卸载，并用“CC（creative cloud）+ 年”的方式重新命名 Photoshop，从 Photoshop CC2014 更新到 Photoshop CC2019（2016 年没有发布大版本而是发布了半个版本，Photoshop CC2015.5）。

2019 年 10 月 23 日，Adobe 公司正式发布了 Photoshop 2020，如图 1.4 所示。Adobe 系列软件将不再使用 CC 软件号，取而代之的是以年份作为软件的版本号。

Photoshop 2020 具有很多新功能并具有新的主界面，其提供了新的基于 AI 的自动创建功能。如果您不知道如何处理照片，Elements 会为您提出一些建议，例如黑白选择效果、图案画笔、绘画和景深效果。Photoshop 2020 在图像、图形、文字、视频、出版等各方面都有涉及，它利用强大的新摄影工具和突破性功能来进行出色的图像选择、图像润饰，以及广泛的工作流程和性能增强。

2021 年 10 月 26 日，Adobe 推出了最新版 Photoshop 2022，如图 1.5 所示。Photoshop 2022 软件支持 ACR14.3，其主要的更新包括多个新增和改进的功能，例如改进的对象选择工具，其悬停功能可预览选择并轻易地为图像生产蒙版；互操作性提升，支持将内容从 Illustrator 粘贴到 Photoshop；分享文件以收集和查看反馈；新增 Neural Filters 以改变和创建新风景；协调图层光线、转移颜色等；增强的国际语言支持提升了文本引擎；Apple XDR 显示器支持；油画滤镜更快；增强的 GPU 支持；增强的导出为预览；更好的颜色管理；修复多个问题；提升稳定性等。

图1.4 Photoshop 2020

图1.5 Photoshop 2022

1.2 Photoshop 2022的基本操作环境介绍

打开 Photoshop 2022 软件，然后打开 Photoshop 默认文件夹下的一张图片，如图 1.6 所示。

图中所注释的部分分别为：1—菜单栏；2—工作区列表；3—历史记录调板；4—工作面板；5—状态栏；6—图像窗口；7—工具箱；8—选项栏。

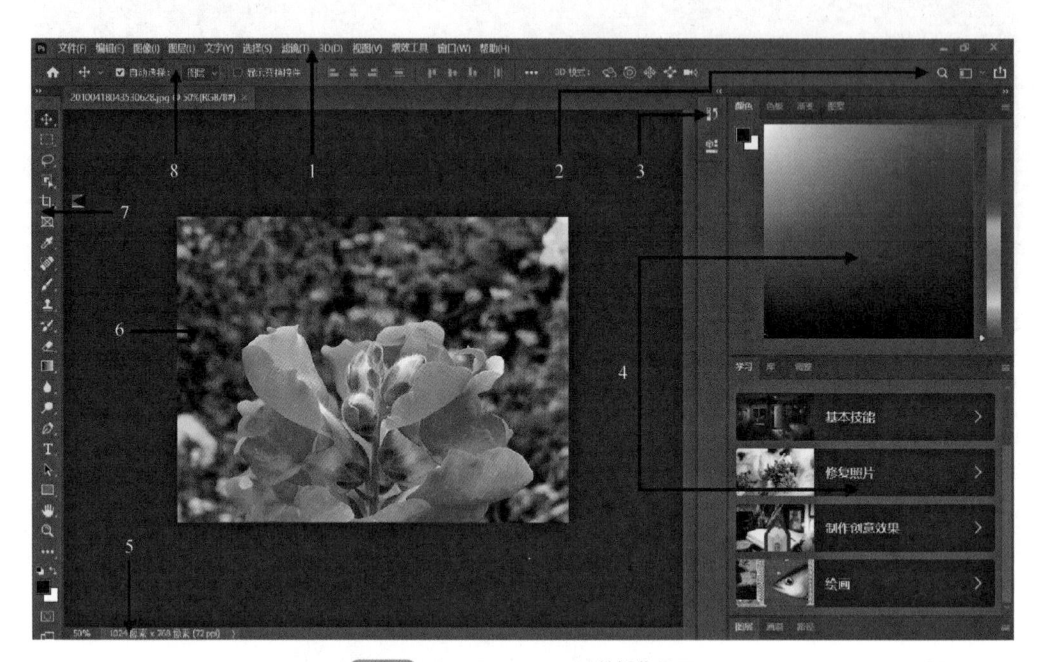

图1.6 Photoshop 2022的操作界面

1.2.1 菜单栏

菜单栏中包含了 Photoshop 2022 中所能执行的一些指令及功能，图中显示了菜单栏“图像”中全部命令项及“调整”这一命令下的二级子菜单。

在一级菜单选项后面如果有三角标号“▸”，则表示后面还有二级子菜单。如图 1.7 所示，当鼠标移动到菜单项“调整”这一选项上时，其后的二级子菜单会自动显示出来。

在菜单选项中，如果选项后面有省略号“…”的，表示在选项后还会出现一个具体的对话框，里面包含一些参数供大家进行调整。例如我们点击“画布大小”这一选项，则会弹出关于调整画布大小的具体参数值的对话框，如图 1.8 和图 1.9 所示，“画布大小”选项对话框不仅显示了当前图片画布大小的像素值，还提供宽度、高度输入框，可以重新调整画布的大小。

在菜单栏中，我们还在一些选项后面看到一些快捷键的组合，例如在“画布大小”选项后面标有“Alt+Ctrl+C”，这个便是“画布大小”的快捷键。我们可以按键“Alt+Ctrl+C”，直接弹出画布调整对话框对画布大小进行调整。Photoshop 2022 中提供有很多种命令的快捷键，初学者可以不必要求自己快速记忆并掌握快捷键的用法，可以在今后对Photoshop 2022 软件的使用中慢慢掌握，刚一开始的时候，还是从菜单选项中寻找命令比较方便。

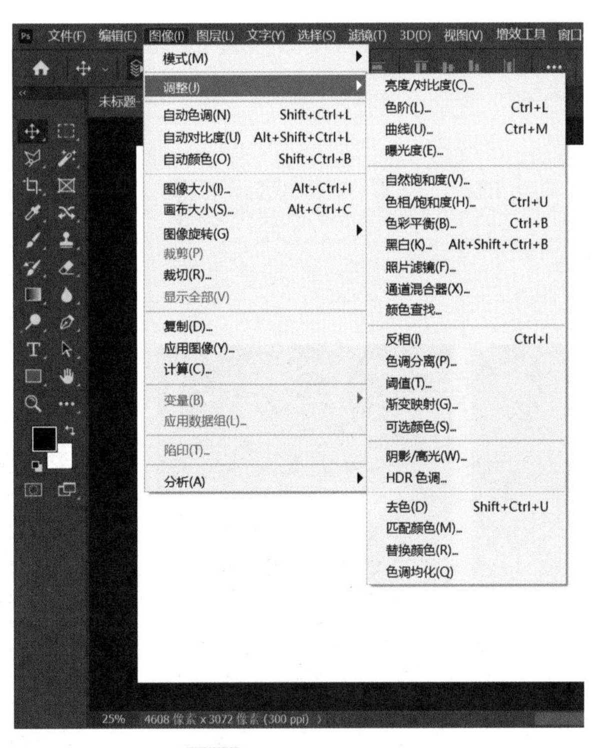

图1.7 菜单栏及其子菜单

图像(I) 图层(L) 文字(Y) 选择(S)
模式(M)
调整(J)
自动色调(N) Shift+Ctrl+L
自动对比度(U) Alt+Shift+Ctrl+L
自动颜色(O) Shift+Ctrl+B
图像大小(I)... Alt+Ctrl+I
画布大小(S)... Alt+Ctrl+C
图像旋转(G)
裁剪(P)
裁切(R)...
显示全部(V)
复制(D)...
应用图像(Y)...
计算(C)...
变量(B)
应用数据组(L)...
陷印(T)...
分析(A)

图1.8 “画布大小”菜单命令

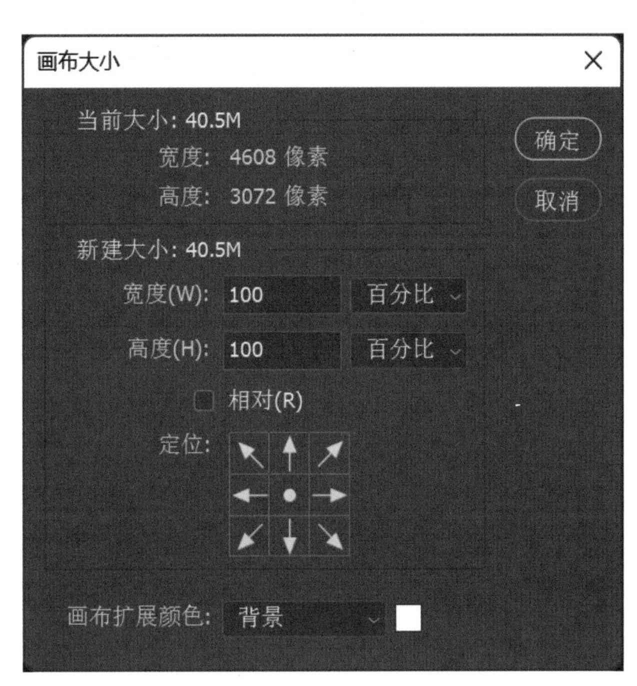

图1.9 “画布大小”对话框

1.2.2　工作区列表

工作区列表如图 1.10 所示，常用的有“动感”“绘画”“摄影”三个选项，当大家分别点击这三个选项时，Photoshop 2022 软件会按照这三种不同的工作方式，为使用者重新设置工作面板，图 1.11 所示的就是分别选择“摄影”“设计”“绘画”时工作面板的显示排布状态。

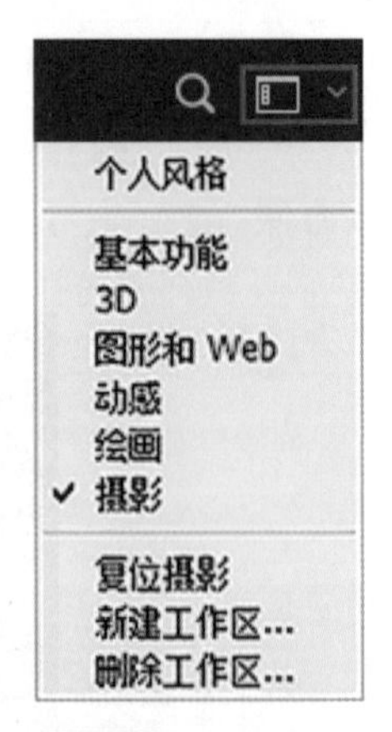

图1.10　工作区列表

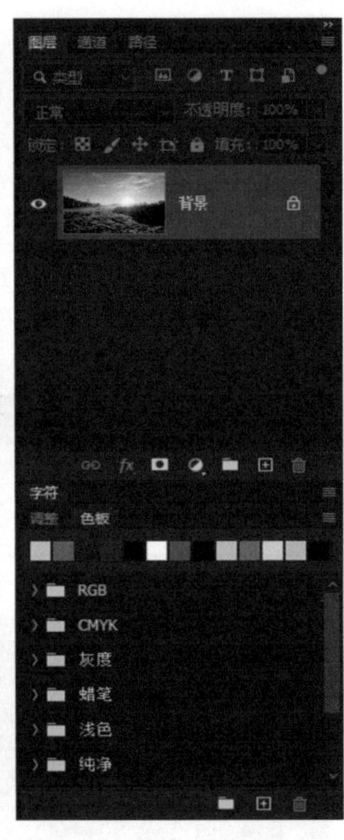

图1.11　“摄影”“动感”“绘画”三个工作面板排布

1.2.3　工具箱

工具箱位于Photoshop 2022 工作界面的左侧，Photoshop 2022 软件总共为对象编辑、图形绘制、图像修饰等提供了 40 多种不同的功能。由于工具众多，在工具箱中也有类似于子菜单的工具，在绝大多数工具图标下方都有一个黑色的三角符号，当我们把鼠标移动到工具图标上方并按住鼠标左键不放时，就显示出相应的子菜单工具栏，各个子菜单工具的功能如图 1.12 所示。

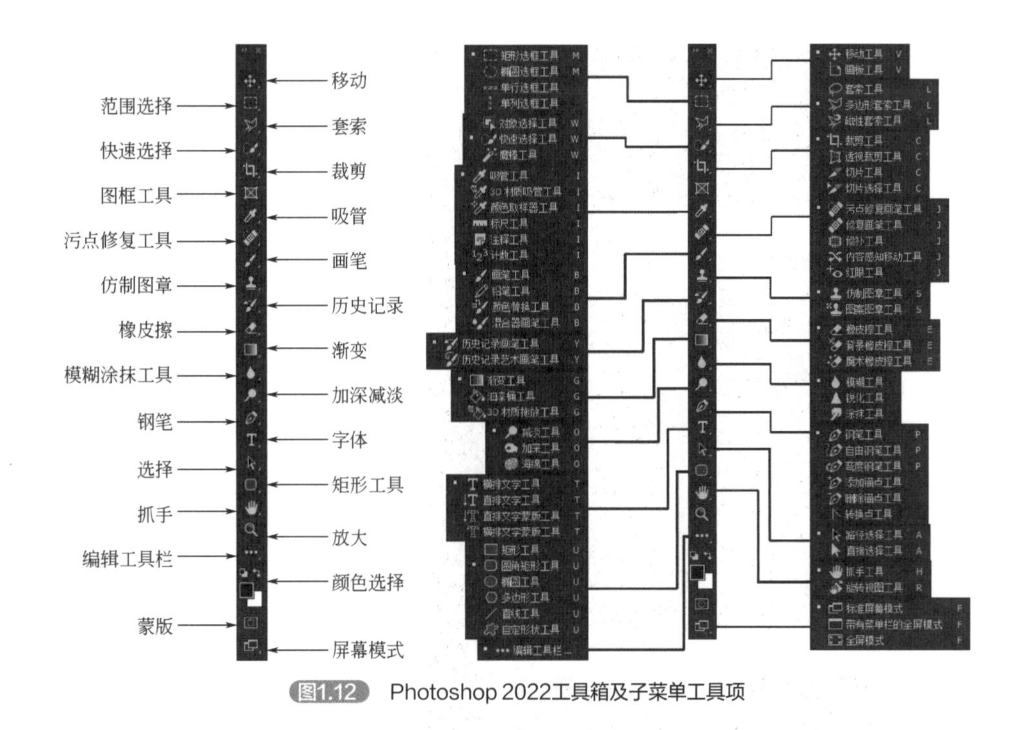

图1.12 Photoshop 2022工具箱及子菜单工具项

1.2.4 选项栏

点选工具箱中某个工具后，在选项栏中会相应地显示出这个工具所具备的具体的属性，大家可以在其中对工具属性进行参数调节。如图 1.13 所示，当我们点选工具箱中“画笔工具”时，会在选项栏中显示出“画笔工具”所具备的属性参数。在模式下拉菜单中可以选择画笔与下面图层的混合方式，同时还可以调整画笔图层的不透明度及画笔在喷绘时的流量。

图1.13 “画笔工具”选项栏

图 1.14 所示的是矩形绘制工具选项栏。在选项栏中，我们可以对所画几何图形的颜色、边框进行设置，同时还可以对所要绘制的几何图形进行选择。

图1.14 矩形绘制工具选项栏

1.2.5 工作面板

Photoshop 2022 的工作面板区域在工作界面的右侧，如图 1.15 所示。在菜单栏中点选“窗口”选项，会弹出窗口菜单。窗口菜单中包含 Photoshop 2022 软件中全部工作面板。在工作界面已经显示出的面板选项前会标记“√”，而未标记“√”标号的面板则隐藏了起来。

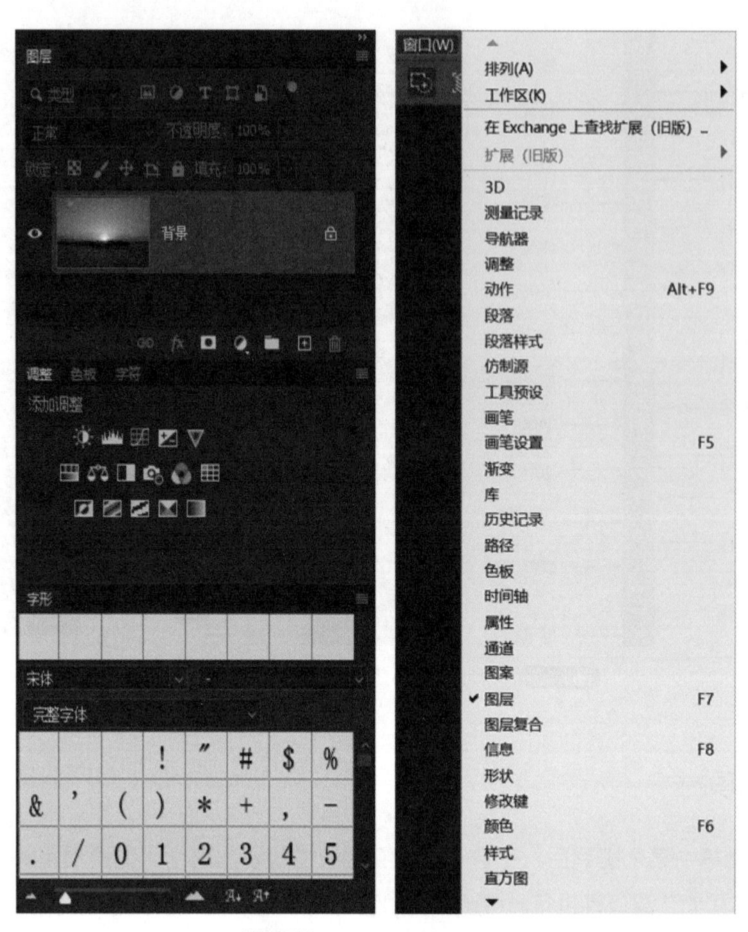

图1.15 工作面板及窗口菜单

下面分别对常用的面板做一些简要介绍。

“导航器”面板：对操作图像进行缩放，处于图像放大工作状态时，显示图像当前工作区域在整个图像中所处的位置。

“调整”面板：对图像色彩、饱和度、明暗、色彩平衡等参数进行调整，Photoshop 2022 中关于图像色彩明暗调节的命令全部集中在此面板中。

“段落”面板：调整文字段落的首行缩进、段间距及对齐。

“画笔”面板：调整画笔形状、间距、圆度等参数。

“历史记录”面板：按步骤记录在 Photoshop 2022 中的操作过程，如果有操作错误或者对当前操作步骤所实现的效果不满意，可返回到前面的操作中去。

“路径”面板：用于建立矢量形式的路径和将路径转换为选区。

“图层”面板：以缩略图形式显示，并将不同的图像元素分层放置，是 Photoshop 2022 中非常重要的面板。通过图层来对各个图像元素进行编辑、隐藏 / 显示、合并等操作。

“通道”面板：用于保存图像中各个通道颜色的信息，我们经常通过调整单个通道来调整图像的色调和色彩关系。

“颜色”面板：进行色彩选择。

“信息”面板：显示当前打开图像的文件大小以及鼠标移动到某一点时的位置和当前点的色彩信息。

还可以通过点击“◀◀”“▶▶”箭头来展开或者收起工作面板，图 1.16 为在设计工作模式下面板展开和收起时的状况。

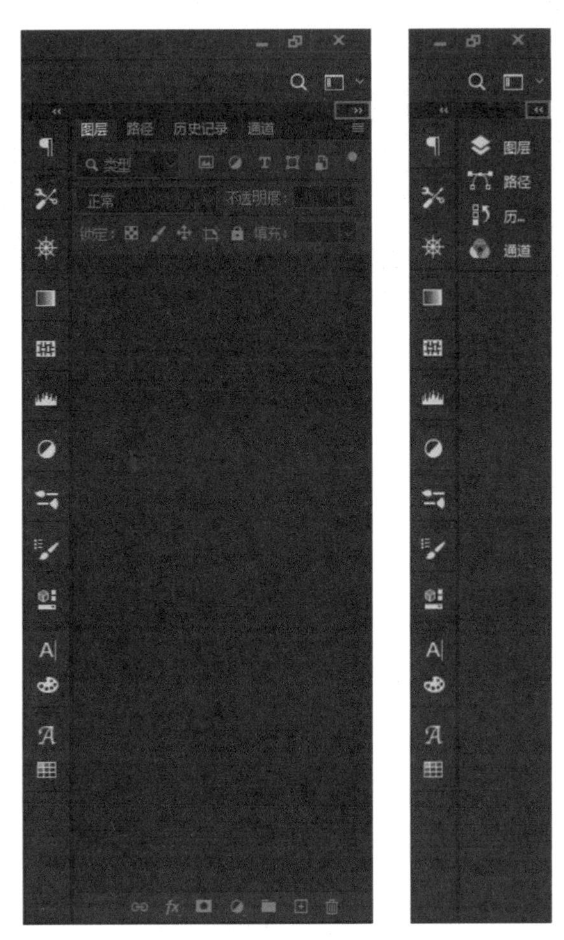

图1.16 工作面板

1.2.6 图像编辑窗口与状态栏

图像编辑窗口是 Photoshop 2022 的主工作区，位于工作界面正中。图像编辑窗口的左上角显示出了图像文件的名称及文件格式，同时还显示出图像的缩放比例及色彩模式。如图 1.17 所示我们可以看出本张图片的格式为 .JPG 格式，色彩模式为 RGB。

图像的左下角部分为状态栏，显示出文件的大小和缩放信息。本图像编辑窗口中还调出标尺工具，可以在图像上度量尺寸并且定位。

图1.17 图像编辑窗口与状态栏

1.2.7 创建自己的工作面板

在 Photoshop 2022 中，大家可以根据自己的个人喜好和工作习惯设置面板的组合方式，下面就创建一个自己的工作面板显示方式。首先将自己经常用的工作面板通过“窗口”菜单选择出来，如图 1.18 所示。

然后选择“窗口 > 工作区 > 新建工作区”，弹出对话框如图 1.19 所示，在名称栏中输入“个人风格”，点击“存储”。

打乱刚才的工作面板的设置，点击“窗口 > 工作区 > 个人风格”，面板设置便恢复到我们刚才设置的状况，如图 1.20 所示。

图1.18 常用工作面板示例

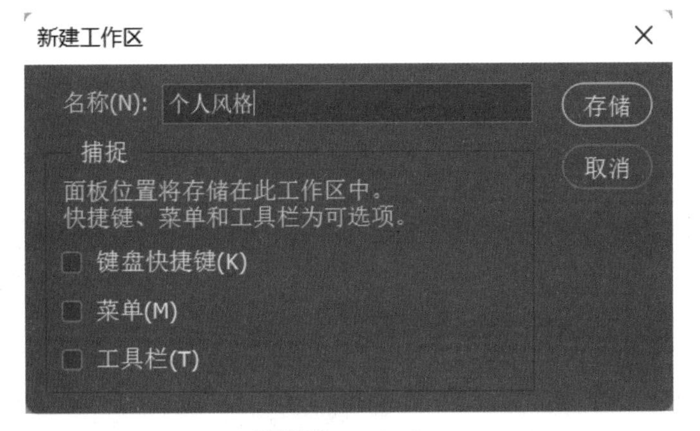

图1.19 新建工作区

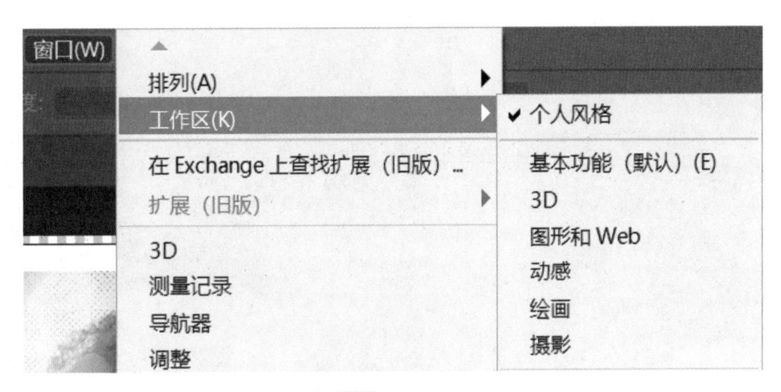

图1.20 个人风格

1.3 Photoshop 2022软件设计应用

1.3.1 Photoshop 2022的应用范围

我们都知道“Photo”是照片的意思，那么 Photoshop 2022 这款软件最强大的功能当然是进行数码照片处理。摄影师用 Photoshop 2022 来进行数码照片的调色、修复、数码特效处理。Phoposhop 2022 的强大功能还远不仅如此，它同时还具备排版、图像绘制、后期特效处理、网页切图、GIF 动画制作等功能，因而受到平面设计师、插图设计师、网页设计师的青睐。在平面广告设计、网页设计、包装设计、插图设计、建筑效果图、婚纱影楼照片后期处理等领域都有相当广泛的应用，如图 1.21 所示。Photoshop 2022 软件是立志成为设计师的读者必须要学好、学精的一件“利器”。甚至从事三维设计的设计师，也应该熟练掌握 Photoshop 2022 这一平面设计软件。大家都知道，好莱坞动画大片《汽车总动员》三维动画的制作过程中，前期的动画角色设计都是在 Photoshop 这样的二维的软件中完成的；

而在建筑效果图制作中，事实上很多效果都不是在三维软件中完成，而是用 Photoshop 软件进行后期合成的。本书会在后面配合实例来对 Photoshop 2022 在各个设计领域的应用进行详细讲解。

图1.21 Photoshop 2022在广告包装等设计领域的应用

1.3.2 图像处理专业术语

在进行软件学习之前，大家需要对计算机处理图像的一些基本知识和基本概念有一个深入的了解，这样才能为后续的学习打下必备的理论知识基础。最先要弄清楚的概念是位图和矢量图的概念。

- **位图与矢量图**

计算机图像显示的方式有两种，即位图格式和矢量图格式，如图 1.22 所示。

位图图像也称为点阵图像，也就是说在计算机中一张图片的显示是由一个个的点来组成的。这一个个显示图像的小点（英文为 Pixel）是构成计算机图像的最小单位，称为像素。

可以在 Photoshop 2022 软件中打开一个文件后缀名为 .jpg 的图像，用软件中的放大工具对图像进行放大，大家会发现局部的图像会变成一个个彩色的小方格，像马赛克一样，这一个个的小格子就是像素。在显示器中，每一个像素点由红、绿、蓝三种颜色混色而成，一个个不同颜色的色点连续在一起就形成了一幅幅色彩斑斓的图像。点数越密集，色彩与色彩之间的过渡也就越平滑。由于在计算机显示中色点很小，而人眼与图像间的距离又比较远，根据混色原理，我们观察到的一幅幅计算机中的图像都是色彩过渡很平滑的，而且图像的像素点越多，图像的品质越高，图像的画质也就越细腻。在 Photoshop 中可以查看图像的像素大小并对其进行调整，Photoshop 2022 支持的最大像素为 300000 像素 ×300000 像素。

图1.22 位图图像与矢量图图像分别放大5倍和25倍时的效果

矢量图是计算机软件根据几何特性来绘图，图像由点和线构成。在矢量图中，由于图形和渐变是由计算机软件根据图形几何特性和算法生成的，因而只需要很少量的数据便能够存储图形的信息，而位图是由一个个连续的点构成的，存储位图的数据量比存储矢量图要大得多。用矢量图绘制图形的优点是绘制出的图形可以无限放大，大家在 Photoshop 2022 中查看矢量图时，无论把图形放大多少倍，在图形的曲线边缘部分都不出现锯齿。在位图中，当把图像放大到一定倍数的时候，图形边缘便会出现锯齿（图 1.22）。由于位图和矢量图生成图形图像的方式不同，决定了它们的一些不同的特性和使用场合。同样效果的图形图像，用位图和矢量图来存储，文件大小会差异很大，矢量图格式都比较小，一般来说文件大小大概在几兆到十几兆，而我们用位图格式存储的设计稿一般来说要几十兆到几百兆。因此设计师一般会根据具体的设计情况来采用某种格式。由于矢量图形特殊的图像显示方式，使得矢量图一般以图形化的方式来呈现，具体表现为图形颜色大多为平涂，渐变色变化非常有规律。这种特殊的表现方式呈现出一种独特的艺术表现风格，这种特殊的视觉表现风格是由于计算机矢量绘图软件出现才有的。欧洲一些国家和日韩的很多插画家采用矢量图风格绘制的插画，整体色块大面积平涂，明暗面只用大块色块加以区别。用这种方式绘制的“矢量风格”的插画别有一番趣味，如胡纯的矢量风格插画作品（图 1.23）。

图1.23 矢量风格的插画（胡纯）

● 像素、分辨率与色彩

像素的概念我们刚才已经讲过了，即像素是构成图像最基本的单位，而分辨率则是像素在单位长度中的数量。一个图像的分辨率越高，那么它单位面积的像素点数也就越多，图像的画质越细腻、品质越高，图像文件的大小也就越大。分辨率的单位为点 / 英寸（dpi）或像素 / 英寸。分辨率分为显示分辨率、图像分辨率、输出分辨率。

显示分辨率：显示分辨率指的是显示器上每单位长度显示的像素数量，用“点 / 英寸”表示。PC 显示器一般常见的分辨率为 96dpi，表示每英寸显示 96 个点。

图像分辨率：图像分辨率指图像建立或保存时每单位长度所包含的像素数目，用“像素 / 英寸”表示。图像分辨率是标示图像质量的一个非常重要的参数，图像分辨率越高，图像越清晰，质量也就越高。有经验的设计师一般能够根据自己所做的具体的设计项目来设置设计稿的分辨率，合理地利用计算机内存，提高设计工作效率。举个例子来说，如果设计稿是网页设计项目，所做的设计只是用在计算机屏幕上显示，那么图像分辨率设置在 72dpi，而如果是用来户外喷绘的话，一般 10 ~ 30dpi 就可以了，一是因为户外广告的观看者离广告都很远，不需要近距离观看细节，只要在远处看效果没问题就可以了；二是因为户外喷绘广告一般在 Photoshop 2022 中设置的尺寸比较大，如果设计稿图像分辨率再提高，会导致图像文件很大，计算机无法正常工作。如果我们的设计作品要用来印刷在纸张上，那么设计稿的分辨率一定要设在 300dpi 或以上，这样印刷出来的文字和图像才能保证一个比较好的视觉效果。因此，在理解了图像分辨率概念的情况下，大家还要根据自己所做的设计承印在哪些材质上，来合理选择图像分辨率，提高工作效率。

输出分辨率：除了图像分辨率概念以外，打印输出设备也有分辨率概念。大多数激光打印机的输出分辨率为 300 ~ 600dpi。当图像分辨率为 72 ~ 150dpi 时，其打印效果较好。而喷绘机一般输出分辨率多为 11.25dpi、22.5dpi、45dpi，所以我们的设计稿也要根据相应的输出分辨率进行调整。如果图像分辨率高而输出分辨率低，即使图像具有很高的分辨率也很难有好的效果。

颜色模式：前面我们讲过像素的概念，像素是一个个的色点，图像中的色点在计算机中是可以用几种不用的色彩显示模式来表示的。Photoshop 2022 中图像的颜色模式包括 RGB 颜色、CMYK 颜色、Lab 颜色、灰度、索引颜色等。

RGB 颜色模式。RGB 分别是英文 Red、Green、Blue 三个单词首字母的缩写，代表红、绿、蓝。大家都知道色彩中的三原色是红、黄、蓝三种颜色，我们在画油画或者水粉画时，可以用这三种颜料调配出千万种我们想要的色彩来。而在物理学中色光的混合则是由红、绿、蓝三种光线来完成的，通过三种色光的混合便在我们的显示器中呈现出丰富的色彩。

CMYK 颜色模式。CMYK 颜色模式和我们色彩三原色类似，主要用于印刷。C、M、Y、K 分别代表青色、品红、黄色、黑色，其中青色和我们平时用的色彩颜料中的蓝色类似，品红和颜料色中的红色类似。按照色彩理论中的配色关系，红、黄、蓝三种颜色混合得到黑色，但在实践中，红、黄、蓝三色混合只能得到灰色，所以在印刷中黑色就用单独的黑色印刷输出，并且在印刷中黑色还用来降低其他颜色混合后所得到的色彩的明度。所以在印刷实践中，用 C、M、Y、K 四种色彩可得到我们想要的任何一种颜色。

Lab 色彩模式。Lab 色彩模式用三个参数来控制和调整色彩，理论上包含了人眼能够看到的所有颜色。

灰度模式。仅使用黑、白、灰来表示图像，灰度模式每个像素使用 256 个色阶的灰色调来表示图像，如果把彩色模式的图像转化为灰度模式，那么 Photoshop 2022 会将原有的色彩信息丢弃，将图像转换为黑白图像。

索引颜色模式。索引颜色使用 256 种颜色表示色彩图像。在索引颜色模式下，Photoshop 2022 不能对图像进行滤镜等特效处理。由于索引颜色模式只使用 256 种色彩来表示彩色图像，因此所表示出的色彩远不如 RGB 模式或者是 CMYK 模式细腻，但采用索引颜色模式所存储的图片文件非常小，所以索引颜色模式所存储的图片格式常用于网络。

● 文件格式

图像文件有各种不同图像存储模式，不同的图像格式有各自的特性。常见的格式有 PSD、JPG、TIF、GIF、PNG、BMP、EPS 等几种，另外不同的平面设计软件图像文件存储格式也不相同。掌握不同图像存储格式的特性，对设计师在保存设计文稿、对图像进行编辑等工作过程中具有重要的意义。下面分别对这几种不同的图像格式进行详细介绍。

PSD 格式：PSD 格式是 Photoshop 软件自身的图像存储模式。在 PSD 格式中包含图像的图层、蒙版、色彩模式等各种图像信息，是一种未经压缩的图像格式，文件扩展名为 .PSD。由于图像的全部信息及编辑信息全部保留，所以 PSD 格式的图像文件会很大。设计师一般会在尚未完稿的设计作品中采用此信息进行保存，以便随时对其进行修改，当然设计作品的成稿有时也会采用此格式进行保存。

JPG 格式：JPG 图像格式的全名是 JPEG，也就是说用 .JPG 扩展名和用 .JPEG 扩展名存储的两种文件是完全相同的。JPG 是一种通用的图片压缩格式，在各种不同的图像设计软件中均能导入使用。由于用 JPG 图像格式存储的图片文件大小相对来说很小，而相对于未经压缩的原图像画质又不会有太大损失，所以 JPG 格式便成为一种在计算机图像显示、计算机网络方面应用比较广泛的图像格式。

TIF 格式：TIF 格式全称为标签图像文件格式（Tagged Image File Format，简写为 TIFF）是一种主要用来存储包括照片和插图在内的图像文件格式，最早流行于 Macintosh，也就是苹果机，而现在则为业界广泛支持。几乎所有的桌面印刷和页面排版应用、扫描传真、文字识别处理应用都支持 TIF 格式的图像文件。TIF 格式的图像文件支持 RGB、CMYK、Lab、INDEXED COLOR、BMP、灰度等色彩模式，而且在 RGB、CMYK 以及灰度等模式中支持 Alpha 通道的使用。所以 TIF 格式广泛应用于印刷行业中。

GIF 格式：GIF 格式支持黑白、灰度和索引颜色模式，文件格式很小，同时还可以在 GIF 格式中存储逐帧动画。GIF 格式的图像和 GIF 格式的动画是我们在网络中最常见到的图像存储格式。

PNG 格式：PNG 格式的图像可以保存用于保存透明信息的 Alpha 通道，因此我们常常用其保存三维动画制作中的贴图。

BMP 格式：BMP 是英文 Bitmap(位图) 的简写，它是 Windows 操作系统中的标准的图像文件格式，在 Windows 下运行的所有应用程序都支持 BMP 格式。BMP 格式是一种未压缩格式，因而图像质量较好，但文件比较大。

EPS 格式：EPS 格式称为被封装的 PostScript 格式，常常用来作为一种图像交换的格式，应用于绘图和排版。EPS 文件是目前桌面印前系统普遍使用的通用交换格式当中的一种综合格式。

本节所讲的关于计算机图像的基本知识是大家都应该熟练掌握的，有的知识可能在前几章的练习中用不到，但这些知识在今后进行具体的设计的时候非常重要，读者可以在日后的设计实践中慢慢体会。

1.4 小结

本章详细介绍了 Photoshop 软件的发展历程，让大家对 Adobe 的这一款重量级产品及其未来的发展有一个感性的认识。同时还深入地讲解了计算机图像处理的基本概念和基本知识，让大家了解 Photoshop 2022 软件的应用范围。在此基础上，详细介绍了 Photoshop 2022 的工作界面，讲解了菜单栏、工具栏、工作面板等知识，最后介绍了自定义常用的工作界面风格。本章中关于计算机图像处理像素、分辨率、位图和矢量图等概念和 Photoshop 2022 工作界面的介绍是重点和难点，希望大家能够结合后面章节具体的设计案例来仔细体会。

第 2 章 视觉效果制作

【本章导读】

本章主要讲解用 Photoshop 2022 如何制作时下流行的风格效果，以及如何将手机拍出的照片利用 Photoshop 2022 处理成具有时尚风格的作品，这将结合实例来具体讲解。

本章主要介绍以下内容。

- 如何进行风格创意构图
- 对照片进行风格调色
- 制作多种非主流风格边框
- 如何用笔刷工具对照片进行装饰
- 如何用文字增强画面艺术效果

2.1 Photoshop 2022创意构图要点

作为普通计算机使用者，由于没有足够专业的构图知识，所以在拍照和图片处理时会感到无从下手，或者总是达到不了那种完美效果。很多照片在拍的时候来不及多想就按下快门，但效果并不令人满意。因此，就需要我们对照片进行艺术性重构也就是创意性构图。

好照片的特征主要表现在：①画面色彩饱和度较高，在以上的画面中，所有的画面色彩都十分饱满。虽不过火，但绝不是大自然中的真实色彩，是经过调整的更加符合人们理想化的色彩，这种色彩更加饱和，清晰可爱，画面引人入胜，如诗如画。②色彩的色相对比要强烈，从而渲染画面气氛。如山上云（图 2.1），云的色彩和山的色彩是一对互补色，那么在进行画面色彩调整时，要分两部分进行。下部的山体不宜太亮，保持一种神秘感，以突出山上云。③作品最重要的就是构成性因素，必须有如画的构图才行。构图的形式和画面的层次感都是入画的重要因素。

图2.1 风景照片范例

● **确定需要修正的照片**

摄影照片往往是有一定的场景性、人物性和故事情节性的画面。因此，画面中的场景、人物等元素看上去令人不舒服时，我们就可以把它看作是问题照片，都可以拿来处理。其实，自己不喜欢的照片都可以拿来处理。

● **修正照片方法的综合应用**

很多照片在拍摄的时候，可能来不及多想就按下了快门，回来以后，对照片进行适当的裁剪是十分必要的。我们的做法一般是“没有定式”，可以根据需要进行交叉组合应用，具体操作方法请看实例剖析。

利用Photoshop 2022进行风格创意构图

景物原片如图 2.2 所示，这幅照片场景过大，再加上拍摄时没有精心构图，画面主体表现力弱，图片部分是多余的，可以通过裁剪来矫正。

图2.2 需要裁剪的景物原片

步骤 裁剪的照片重新构图

① 在Photoshop 2022中，执行菜单命令“文件>打开”，打开景物原片，如图2.3所示。

图2.3 打开景物原片

② 建立裁剪框。在工具栏中选择裁切工具，从图像的左上角开始，按住鼠标拖动到图像的右下角结束，首先为当前图像建立与画面同样大的裁剪框，如图 2.4 所示。

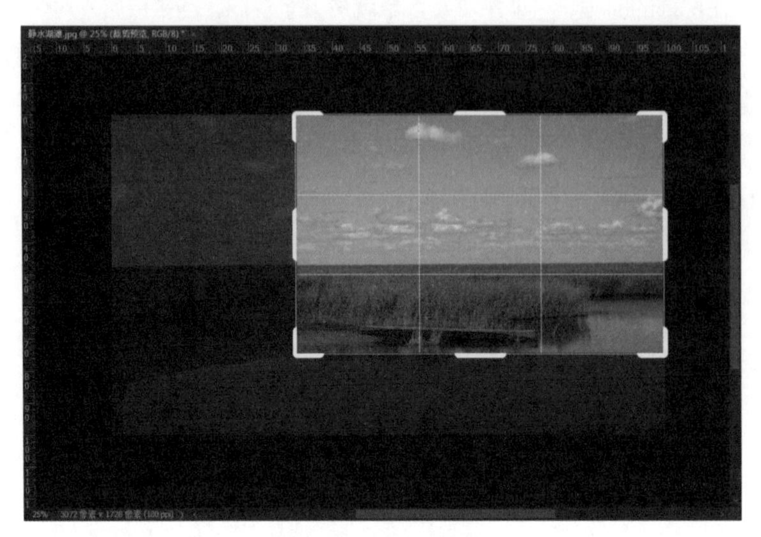

图2.4 建立裁剪框

③ 调整裁剪框。画面左侧、右侧和或下边都可能是多余的部分，需要裁剪掉。按住“Shift”键，用鼠标将裁剪框的右下角点向内移动到适当位置。按住“Shift”键并继续拖动裁剪框的另外三个角点到适当位置，如图 2.5 所示。

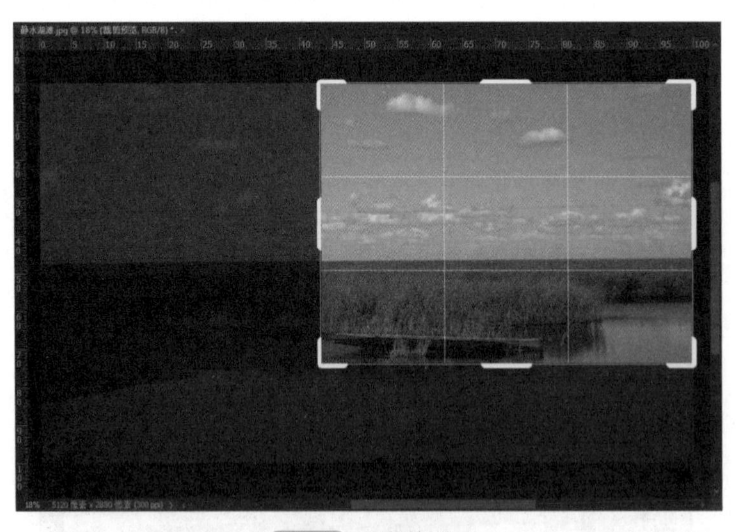

图2.5 调整裁剪框

④ 直接按回车键确认裁剪操作。从裁剪以后的图像中可以看到，主视觉点处在左下角，主体物——木船也得到充分的表现。操作过程中一定要注意平面构图的形式美感，由此，照片的构图才能达到艺术化的要求，如图 2.6 所示。

图2.6 确认裁剪操作

局部技巧点拨

在拖动裁剪框角点的同时按住“Shift”键，是为了保持裁剪框现有宽高比例不变。将鼠标放在裁剪框的外边，看到鼠标变成双向旋转箭头标志，这时按住鼠标可以旋转裁剪框。其主体视觉点不宜放在正中间的位置，放在右偏下等黄金分割的位置上较好。如图 2.5 所示。

⑤ 查验最终效果。对于画面不理想的摄影作品，可以采用裁剪画面的方法进行画面的重新矫正设定，这是进行照片再创作最直接的方法了，也做到了二次构图，既能去掉画面中自己不满意的部分，又能增强作品的形式美感。所以说艺术裁剪是对照片的再创作，最终效果如图 2.7 所示。

图2.7 景物裁剪后的效果

技巧点拨

需要注意的是，在制作的过程中，一定要有意识地进行黄金分割的应用，这是很美的一种比例形式。另外对于快捷键的掌握也至关重要，后期修改时的步骤会逐步增加，过程会变得烦琐，快捷键会使步骤简化从而使修改变得更加有条理。当然如果初学者不具备黄金分割率等一些专业知识的话，本节的再构图可以暂时跟着自己的感觉走，只要分割出来的画面看上去比较舒服就可以了。本节还要注意对 Photoshop 2022 工具栏的熟悉及对所建的修改菜单的分辨率的调节，一般网络用图分辨率为 72dpi，实际印刷用图分辨率为 300dpi。

2.2 利用Photoshop 2022对照片进行风格调色

在讲实例之前我们先来学习更换照片背景的几项技法。

（1）学会调整色阶

色阶命令是调整图像影调和色调最重要的命令之一。学会观察色阶，了解照片的整体影调，正确掌握设定照片黑白场的方法，用手动调整色阶，调节得会更准确、更主动，效果会更好。

（2）学会调整亮部

在色阶命令的应用中，最重要的是对亮部的调整，因为照片的亮部调整好，照片的影调就会保持丰富的层次，照片的效果自然也就会好起来。

（3）学会把握中间调

在调整曝光不足的照片时，中间调的调整是非常重要的一环，学会把握中间调，照片的影调才能进一步丰富起来。

2.2.1 色阶、对比度、颜色的自动调整

步骤　调整色阶

① 选择“文件 > 打开”菜单命令，打开图像原片，如图 2.8 所示。这张照片摄于阴雨之后，由于天气阴沉，照片的影调很灰，给人以沉闷的感觉。

② 选择“图像 > 调整 > 色阶”命令。弹出色阶面板，这是调整图像最重要的工具之一，如图 2.9 所示。花一点时间看懂色阶的直方图是非常必要的，从这个直方图上可以看到，这个照片的像素基本上分布在中间靠右灰的地方，稍靠近左侧阴影区的地方；最左边的阴影区没有像素，靠近右边的亮点区也没有像素，这就是这张照片色调发灰的真正原因。

图2.8 打开景物原片

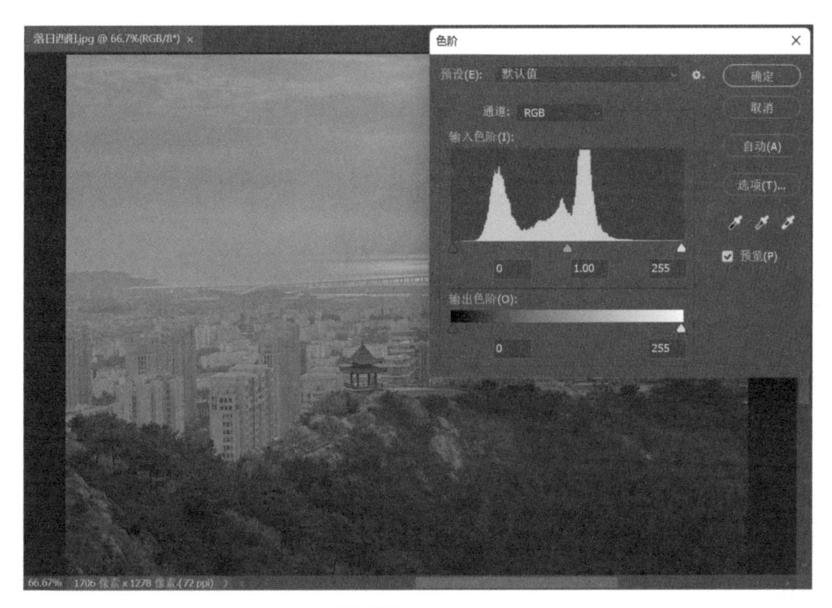

图2.9 认识色阶

③ 调整片子的影调就是通过移动这几个滑标的位置，重新为照片设定正确的黑白场和中间亮度值。将输入色阶最左边的黑色滑标用鼠标移动到中间，可以看到照片变暗了。因为黑色滑标表示图像中最暗的地方，现在黑色滑标所在的位置是原来灰色滑标所在的位置，这里对应的像素原来是中间亮度的，现在被确定为最暗的黑色。从黑色滑标向左，所有的像素都被确定为最暗的黑色。黑色的空间大大扩展，几乎占所有像素的一半，所以照片就变暗了，如图 2.10 所示。

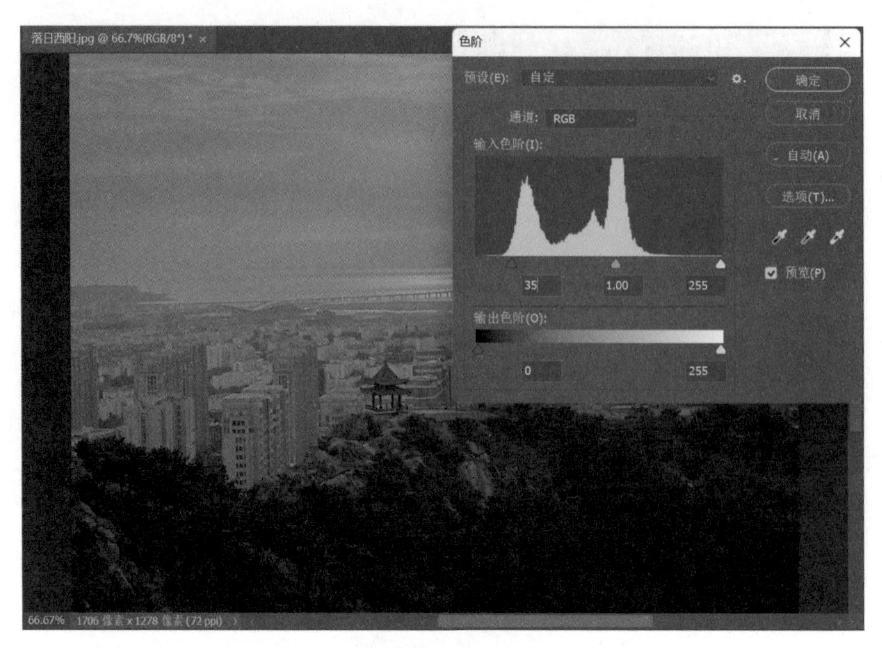

图2.10 色阶暗调

④ 将黑色滑标拉回最左边复位。将输入色阶最右边的白色滑标用鼠标移动到中间，可以看到照片变亮了。因为白色滑标表示图像中最亮的地方，现在白色滑标所在的位置是原来灰色滑标所在的位置，这里对应的像素原来是中间亮度的，现在被确定为最亮的白色。从白色滑标向右，所有的像素都被确定为最亮的白色。白色的空间大大扩展，几乎占所有像素的一半，所以照片又变亮了，如图 2.11 所示。

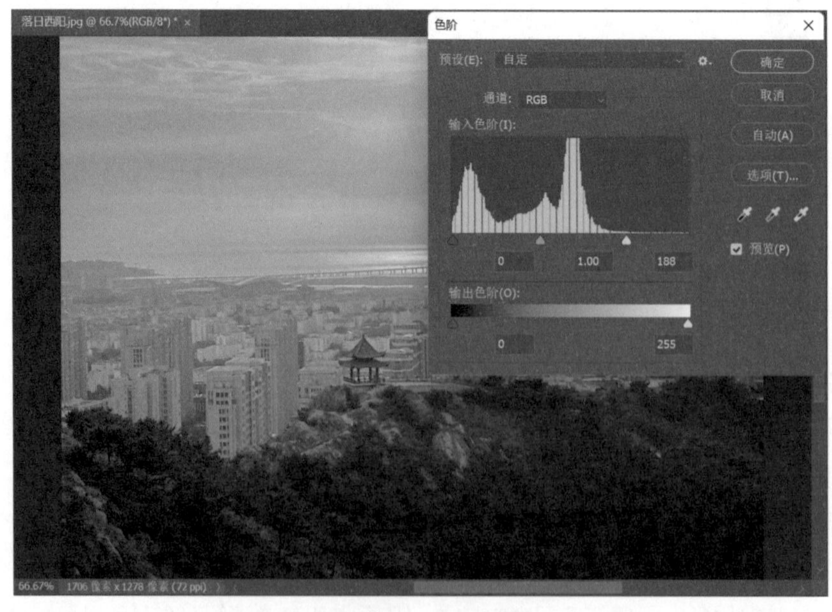

图2.11 色阶亮调

⑤ 将白色滑标拉回最右边复位。黑、白两个滑标不动，将中间灰色滑标向右拉动，图像变暗了。灰色滑标所在点原来的像素是很亮的，现在这些像素被指定为中间亮度的像素，从灰色滑标向左的暗部空间大大扩展了，所以照片变暗了，如图 2.12 所示。

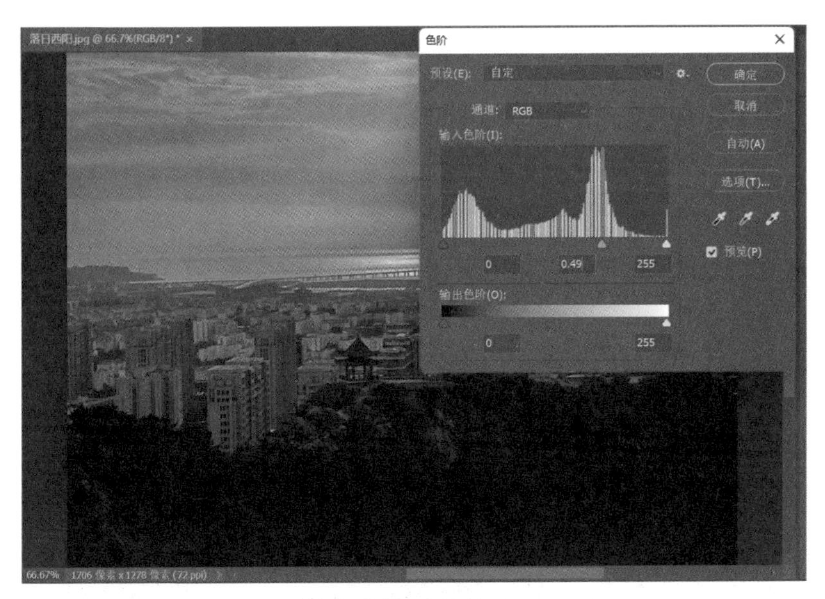

图2.12 色阶中调右

⑥ 同样道理，将灰色滑标向左拉动，图像变亮了。因为灰色滑标所在点原来很暗的像素被指定为中间亮度的像素，从灰色滑标向右的亮部空间大大扩展了，所以照片变亮了，如图 2.13 所示。按住“Alt”键，面板上的“取消”按钮变成了“复位”按钮，单击“复位”按钮，各项设置恢复初始状态。

图2.13 色阶中调左

⑦ 正确设定照片的黑白场，将输入色阶的白色滑标向左移动到直方图右侧起点稍稍向里一点的位置，确定这里为照片最亮的点，也称为照片的“白场”。

⑧ 将输入色阶的黑色滑标向右移动到直方图左侧起点稍稍向里一点的位置，确定这里为照片最暗的点，也称为照片的“黑场”，把直方图两端起点稍稍向里一点的位置确定为照片的黑白场，这个照片中就有了最暗的像素和最亮的像素。对大多数照片来说，这样的影调就基本正常了。在确定了照片黑白场的基础上，再将灰色滑标移动到适当位置上，可以营造和强调更浓烈的环境气氛，如图 2.14 所示。

图2.14 正确设置黑白场

⑨ 为了使色彩更加鲜艳，调整鲜艳的饱和度。提高图片的饱和度使图片更加绚丽，当然也可使原本环境就昏暗的照片显得更加自然，如图 2.15 所示。

图2.15 调整饱和度

⑩ 最终我们就得到了经过色阶调整的照片，如图 2.16 所示。

图2.16 色阶调整后的景物

技巧点拨

学会观察照片，正确掌握设定照片黑白场的方法，利用色阶工具对图像进行处理，从而改善图像质量，这也是调整照片影调和色调的最重要的方法之一，务必认真学习。其作用为自动调整图像中的黑白场；剪切每个通道中的阴影和高光部分，并将每个颜色通道中最亮或最暗的像素映射到纯白或纯黑；中间像素按比例重新分配分布。这样做会增强图像中的对比度，因此像素值会增大。单独调整每个颜色通道，有可能会移去颜色或引入色痕；在像素平衡分布且需要以简单方式增加对比度的特定图像中，会有较好的效果。

2.2.2 用色阶调整灰调照片

在 Photoshop 2022 中打开图像原片，如图 2.17 所示。由于拍摄于阴天，照片的调子略显发灰。

图2.17 打开景物原片

① 选择“图像 > 调整 > 色阶”命令，打开色阶面板。在峰值柱状图上可以看到，这个照片的像素主要分布在左侧阴影处，中间偏右的中间调区域，几乎没有像素。这就是这张照片发灰的原因，如图 2.18 所示。

图2.18 打开色阶面板

② 使用自动命令。最简单的调整灰调照片的方法，就是在色阶面板右侧，单击“自动”按钮。可以看到照片立即变得鲜亮了，反差加大了，影调也正常了。从柱状图上可以看到，像素的峰值向两边拉开了，表示图像最暗部分的黑场和表示图像最亮部分的白场中都有像素分布。这就相当于将图像中原有的像素，在黑白场之间做了平均分布，如图 2.19 所示。

图2.19 使用自动命令

③ 手动确定色阶黑白场。对于多数照片，用色阶中的自动命令就可以解决灰调子的问题了。但是会用 Photoshop 2022 的人更愿意用手动来调节，这更能够按照自己的理解和爱好，准确确定输入色阶黑白场的位置。首先按住“Alt”键，看到色阶面板中右侧的“取消”按钮变成了“复位”按钮。单击“复位”按钮，图像恢复到刚刚打开色阶时候的状态。用鼠标将左侧的黑场滑标向右拉动到柱状图左侧稍稍向里一点的位置上，具体到什么位置最合适，可以通过在照片中观察最暗的地方的影调确定，如图 2.20 所示。

图2.20 手动色阶

④ 调整亮部。用同样的办法，将色阶右侧的白场滑标向左拉动到峰值柱状图右侧稍稍向里一点的位置上。注意观察照片中最亮的部分，影调要保持层次，用手动调整色阶，这样的调节更准确、更主动，如图 2.21 所示。

图2.21 调整亮部

⑤ 按上述步骤调整后画面依旧没有那么绚丽，仍有一丝灰蒙蒙的感觉。为了使色彩更加鲜艳，稍微调整饱和度。如图 2.22 所示。

图2.22 调整饱和度

⑥ 最终就得到了经过色阶调整灰度后的照片，如图 2.23 所示。

图2.23 调整灰度后的景物

技巧点拨

拍摄照片的时候，有时会碰到恶劣的天气或较差的天气，拍出来的照片灰蒙蒙的，即色调发灰。这时候就可以利用“色阶”来对图像的亮度进行调整，从而得到适当的色调，保证图像清晰明朗。色阶是图像亮度的指标，即颜色指标，在数字图像处理过程中，它是指灰度分辨率(也称为幅度分辨率)，简单来说就是表示图形的明暗关系。

2.2.3 调整照片的曝光不足

在拍摄照片的时候，由于条件、技术原因导致照片严重曝光不足的情况时有发生，结果在计算机屏幕上看到的图像很暗。这时候要调整图像色阶的白场，以提高图像的影调。

① 选择“文件 > 打开”菜单命令，打开景物原片（《远方》），如图 2.24 所示。此图由于拍摄时现场光线不足，照片严重欠曝光，在计算机屏幕上看到的图像很暗淡。

图2.24 打开景物原片

② 观察色阶。选择“图像 > 调整 > 色阶”命令，打开色阶面板。从“输入色阶”的峰值柱状图中可以看到，照片中像素几乎都集中到了左右两侧，也就是靠近黑场的地方，所以照片的影调很暗，如图 2.25 所示。

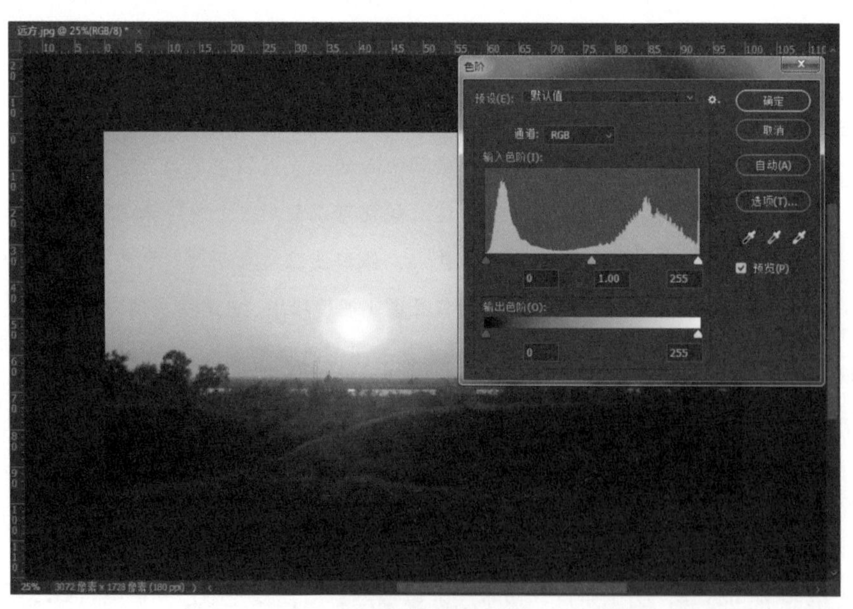

图2.25 观察色阶

③ 调整色阶。用鼠标将输入色阶下的灰色滑标略微向左侧移动，可以看到图像的影调基本正常了，如图 2.26 所示。

图2.26 调整色阶

④ 还要根据照片的具体情况，精心进一步调整色阶的中间调。将输入色阶右侧的白场滑标向里移动，放到峰值柱状图的右侧起点位置上。可以看到照片被调亮了许多，照片所要表现的清晨的场景清晰可见，如图 2.27 所示。

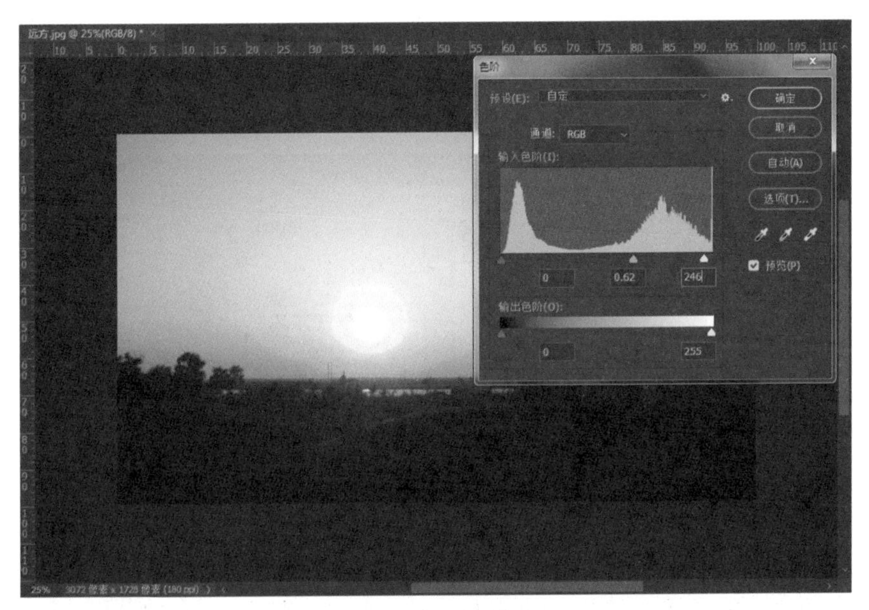

图2.27 调整中间调

⑤ 调整颜色。严重曝光不足的照片通常都伴随着程度不同的偏色现象。该图像色彩偏淡，这是拍摄现场使用的闪光灯的原因。选择“图像 > 调整 > 可选颜色”命令，打开可选颜色面板。打开颜色下拉框，选中所需的红色为可选颜色，将红色的色阶滑标略微向右侧移动，设置为

“色阶：30”以增加图像中的红色，对图像中的颜色满意后，单击“确定”按钮退出，如图2.28所示。

图2.28 调整红色

⑥ 按上述步骤调整后画面依旧没有那么绚丽，仍有暗淡的感觉。根据情况调整画面的“饱和度：20”，如图2.29所示。

图2.29 调整饱和度

⑦经过调整色阶，图像中的影调关系正常了，照片也就挽救回来了，如图 2.30 所示。

图2.30 修改后的《远方》

技巧点拨

在调整曝光不足的照片时，中间调的进一步调整非常重要。因为照片的整体柔和度取决于中间调的调节。在调整时，还要根据照片的具体情况，用鼠标将输入色阶下的灰色滑标向左或向右侧进行适当的移动，直到看到图像的影调基本正常为止。实际上平时“曝光度”工具运用得特别少，很多朋友几乎没有在 Photoshop 2022 中使用过，大多数人认为“曝光度”是一个提亮和压暗的工具，这与“曲线”“色阶”甚至“亮度/对比度”工具没什么不同之处。其实，“曝光度”也有它无可取代的优势。“曝光度”滑标用来调整色调范围的高光端，对特别重的阴影的影响不大；“位移”滑标可以调节阴影和中间调的明暗，对高光的影响不大；“灰度系数校正”可以简单理解为调整整体照片光影的灰度。

2.2.4 调整照片的白平衡错误

用数码相机拍摄照片的时候，要选择设定相应的白平衡参数，以使照片色彩正确还原。白平衡设置不当造成照片偏色的事情，在实际操作中时有发生。如果真的出现这种情况，也不必太伤心，经过后期处理，这些照片基本上是可以挽救回来的。

① 选择“文件 > 打开”菜单命令，打开图像原片文件，如图 2.31 所示。这张照片在正常日光下拍摄，由于白平衡设置成“荧光灯”模式，造成照片偏蓝色，需要进行校正。

图2.31 景物原片

② 选择设置灰点吸管。选择“图像 > 调整 > 色阶”命令，打开色阶面板。在色阶面板右下方选中“设置灰点”吸管，如图 2.32 所示。

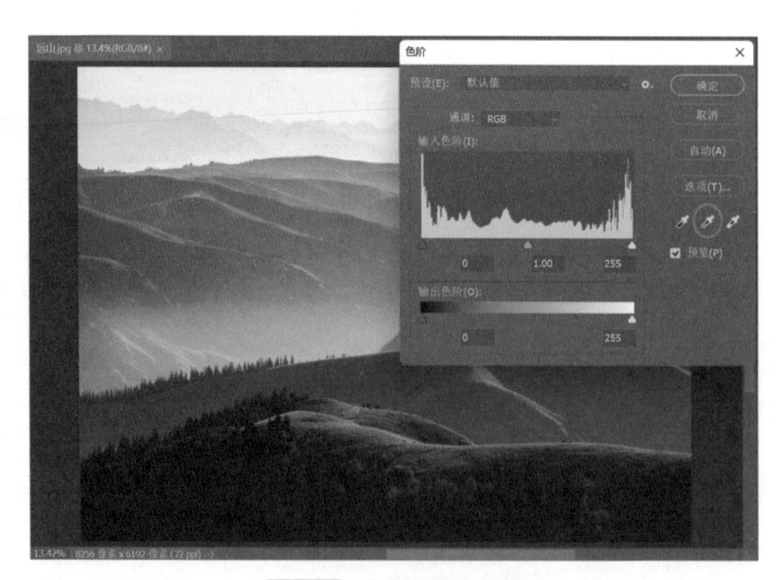

图2.32 选择设置灰点吸管

③ 寻找黑白灰物体作为参考点，这是一个非常重要的工具。用“设置灰点”吸管点击图像中的任何地方，这个地方的参数值就被设定为 C=M=Y=K。

④ 现在要在图像中寻找原本应该为黑白灰色的物体。一般来说，照片中这样的物体是很

多的。就这张照片来说，灰色的长城、黑白灰色的山峦雾气、照于云雾上的白色阳光等，都可以作为原本应该为黑白灰色的物体参照点，如图 2.33 所示。

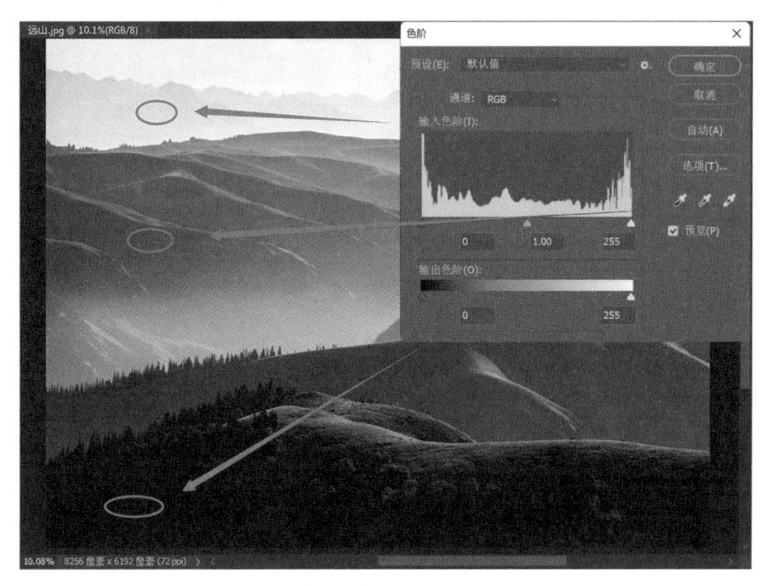

图2.33 寻找参照点

⑤ 用“设置灰点”吸管在选定的参考点上试验点击，凭视觉就可以看出来颜色得到校正了。点击各个点后的颜色会有所不同，但色彩偏色的现象很严重，如图 2.34 所示。

图2.34 偏色

⑥ 校正偏色。如果用“设置灰点”吸管点在图像中不是原本黑白灰的物体上，会造成更严重的偏色，所有颜色会偏向所点击像素的补色，如图 2.35 所示。

图2.35 严重偏色

⑦ 碰到这种情况，再继续寻找正确的黑白灰参考点，用“设置灰点”吸管点击就是了。颜色校正后，再适当调整色阶面板上“输入色阶”中黑白场滑标的位置，得到较好的影调关系，满意后单击“确定”按钮退出，如图 2.36 所示。

图2.36 校正偏色

⑧ 校正颜色，再经过更细致的曲线调整、水平矫正等操作，这张偏色的照片完全校正过来了，这个操作看似简单，但其中涉及专业的色彩理论知识。对于初学者来讲，先按照这个

方法操作，能在实际操作中见到效果就行了。更深的理论问题，会随着以后对软件认识的逐步深入，再进一步去探讨。如图 2.37 所示。

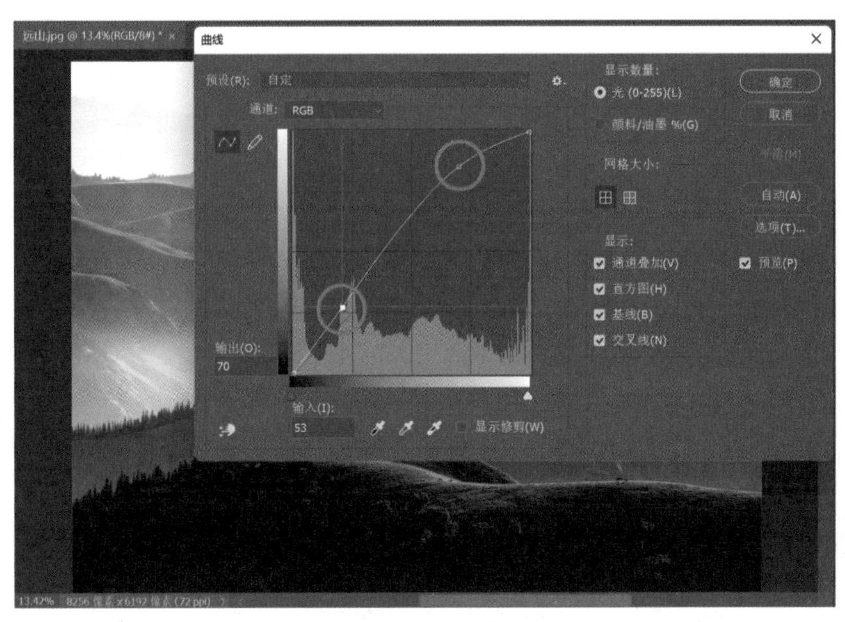

图2.37 曲线调整

⑨ 可以看到调整后的图片暗部过重，亮部也较为暗淡。针对这种情况调整画面的饱和度，如图 2.38 所示。

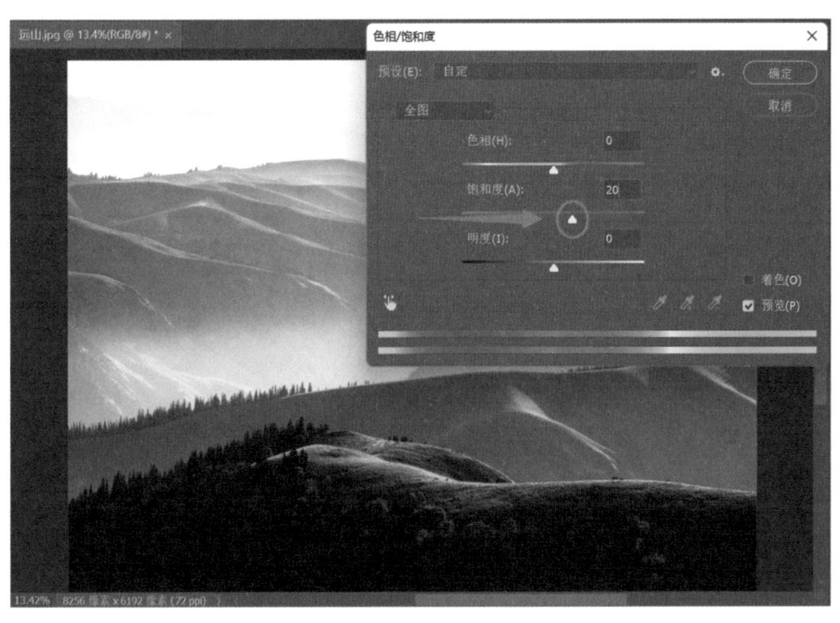

图2.38 调整饱和度

⑩ 经过调整白平衡，图像中的影调关系正常了，照片也就挽救回来了，如图 2.39 所示。

图2.39 调整白平衡后的照片

技巧点拨

“设置灰点”吸管在曲线面板中也有，使用方法和效果是一样的。调整偏色最重要的是需要看清图像中色彩的变化，选择适宜的黑白灰的参照点，利用曲线工具进行调整。白平衡是一个很抽象的概念，最通俗的理解就是让白色所成的像依然为白色，如果白是白，那其他景物的影像就会接近人眼的色彩视觉习惯。遇到光线复杂的场景，很多时候即便是单反相机也会出现偏色的情况，所以拍出的照片会有很强的色彩偏移感，这时白平衡调整就显得尤为重要。

2.2.5 调整阴天、雨天、雾天照片

有些照片在拍摄的时候，受当时条件的限制，出来的照片影调、色调平平，显得无精打采。但是精心调整，可以使这些照片提起精气神来。

① 选择“文件 > 打开”菜单命令，打开图像《灯塔》，如图 2.40 所示。这张照片是在

半阴天时拍摄的，但是并没有表现出海边的清凉感，而且调子沉闷，给人以无精打采的感觉。

图2.40 打开《灯塔》

② 针对照片影调沉闷的问题，选择“图像 > 调整 > 曲线”命令，打开曲线面板。在曲线上建立相应的调整控制点，调节整体的明暗关系。如图 2.41 所示。

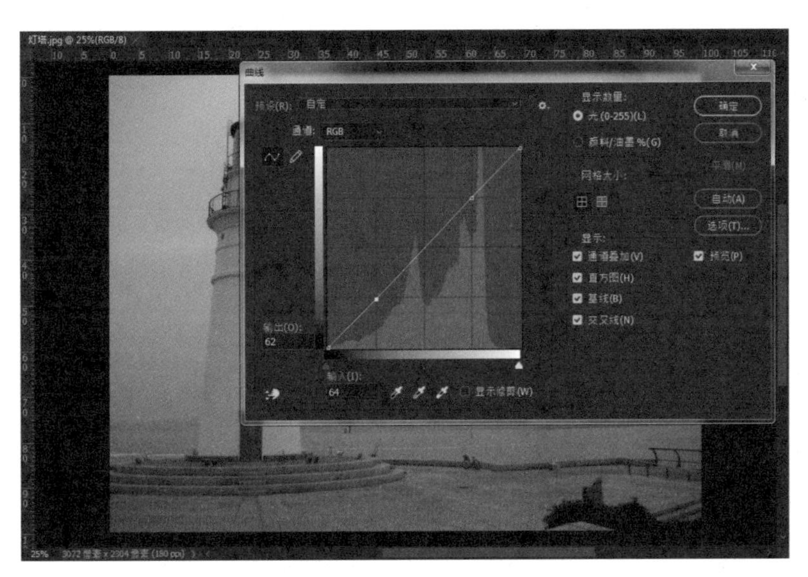

图2.41 调整照片的明暗关系

③ 调整照片的影调。用鼠标在曲线上将右上高光点适当提高，将下方节点压到较低部分。可以看到图像反差加大了，照片影调不再沉闷。满意后按“确定”按钮退出，如图 2.42 所示。

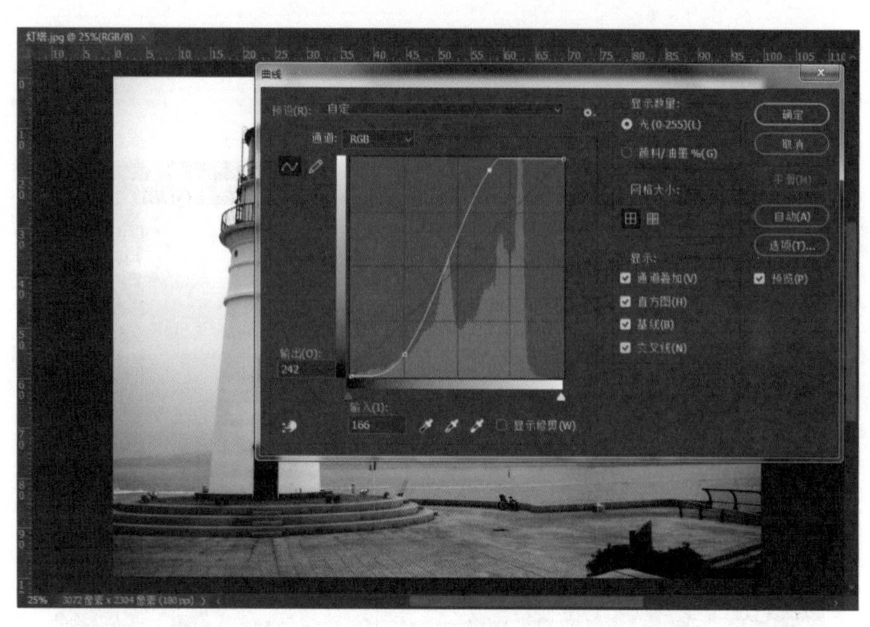

图2.42 调整影调

④ 针对照片颜色平淡的问题，选择“图像 > 调整 > 色相 / 饱和度”命令，打开“色相 / 饱和度”面板。在面板上将饱和度提高至 +30。可以看到，照片中近处的颜色鲜艳多了。满意后按“确定”按钮退出，如图 2.43 所示。

图2.43 调整饱和度

⑤ 选择“图像 > 调整 > 色阶”命令，打开色阶面板。在输入色阶中，将右侧的白场滑标移动到峰值柱状图右侧稍向里一点，将灰点滑标适当向右侧移动，看到图像中灯塔的效果达到满意，近处再压暗。满意后按“确定”按钮退出，如图 2.44 所示。

图2.44 调整色阶

⑥ 然后根据画面整体状态选择调整，为了使图片显得夏日凉意更浓，调整画面的色相，使照片的色彩更加具有夏日清凉感，如图 2.45 所示。

图2.45 调整色相

⑦ 调整色调。经过这样调整照片影调和色调，照片就提起了精气神，视觉上给人以抢眼的感觉，看上去舒服多了，如图 2.46 所示。

图2.46 修改后《灯塔》

技巧点拨

在用曲线进行照片的影调调整中，我们可以进行不同的取样设置，然后进行多点调节，这是调整照片的非常有效的方法。本次照片修改运用了多种手法，如曲线、色阶、色相、色调调整，结合前文手法做一个汇总。同时，曲线调整既可以调整单色色调也可以调整整幅图的色调，所以要了解曲线的应用，前提是要对三原色及其互补色有一定的认知。对于没有调色知识的，可以先记住或者硬背这几个常见的调色理论知识。红、绿、蓝是三原色，其互补色分别为：青、品红和黄。红 + 绿 = 黄，红 + 蓝 = 品红，绿 + 蓝 = 青，青 + 黄 = 绿，青 + 品红 = 蓝，黄 + 品红 = 红。在照片偏色时可以先调整所偏向的颜色，再去调整整幅图的色调，做到发现问题，解决问题。

2.3 制作非主流边框

① 新建文件，如图 2.47 所示。宽度 22 厘米，高度 16.14 厘米。分辨率可根据需求调整，网络用图一般为 72 像素 / 英寸，也可选择印刷用图的 300 像素 / 英寸。

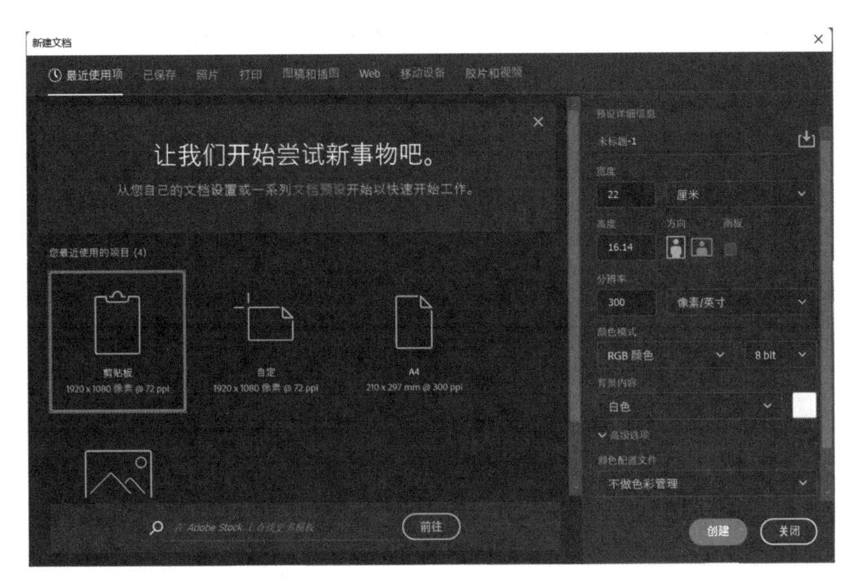

图2.47 新建文件

② 在新建文件中设置自己想要的背景色，结合图片及色彩对比关系，建议选择浅灰色作为背景色。点击“Ctrl+Delete”键填充背景色并拉出辅助线示意出大体的外边框形状，如图 2.48 所示。

图2.48 设置背景颜色

③ 随后制作相框照片。整体光源为右上方来光，设置渐变颜色，上方靠近光源地方为纯白，后方改为亮灰，具体的颜色根据背景颜色适度调整。右侧边缘用同样方式调整，如图 2.49、图 2.50 所示。

④ 随后在照片右侧内衬厚度背光处设置阴影，增加相框结构，使相框层次更加丰富，依然采用渐变的方式填充颜色，上部暗灰向下部白色过渡，具体颜色亮度变化应根据背景情况而适度调整，如图 2.51 所示。

图2.49 制作内衬左部厚度

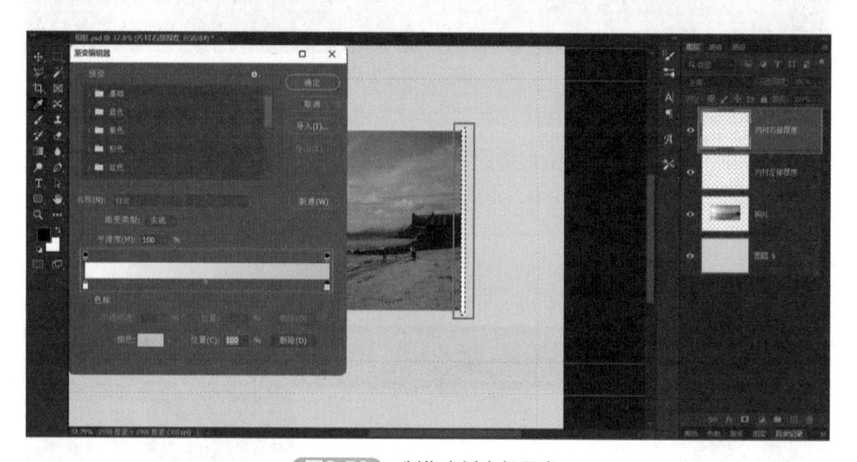

图2.50 制作内衬右部厚度

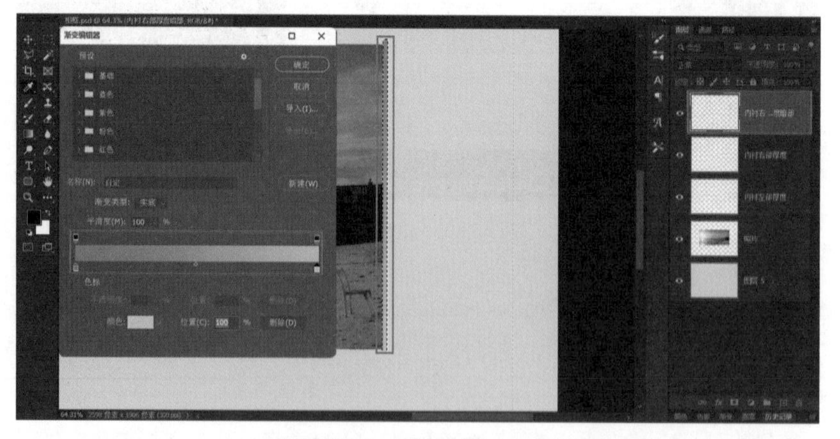

图2.51 内衬右侧暗度调整

⑤ 制作相框图片内衬下部厚度，其面朝正上方，受光源影响最直接的亮部区域，选择背景颜色为白色，选择此处为选区点击“Ctrl+Delete”填充，如图 2.52 所示。

图2.52 制作内衬下部厚度

⑥ 制作内衬上部厚度，依旧是创建新的一层图层，命名为内衬上部厚度，随后在指示区域建造选区，修改渐变颜色由暗灰向白色过渡，颜色选择完成后进行填充，如图 2.53 所示。在此基础上继续制作内衬上部厚度阴影，建立新的图层制作选区，渐变颜色暗灰向亮灰过渡，阴影颜色选择较内衬上部厚度颜色更暗一些，如图 2.54 所示。

图2.53 制作内衬上部厚度

图2.54 制作内衬上部阴影

⑦ 制作右部边框阴影，添加图层设置其名称为右部边框阴影，沿着事先制作的标准线制作选区，打开渐变工具，调整为暗灰到白色的过渡，由右向左过渡得到右部边框阴影。如图 2.55 所示。在此基础上设置左侧边框阴影，左侧因其受光源影响，渐变颜色调整由亮灰向白过渡，步骤与上述一样。如图 2.56 所示。

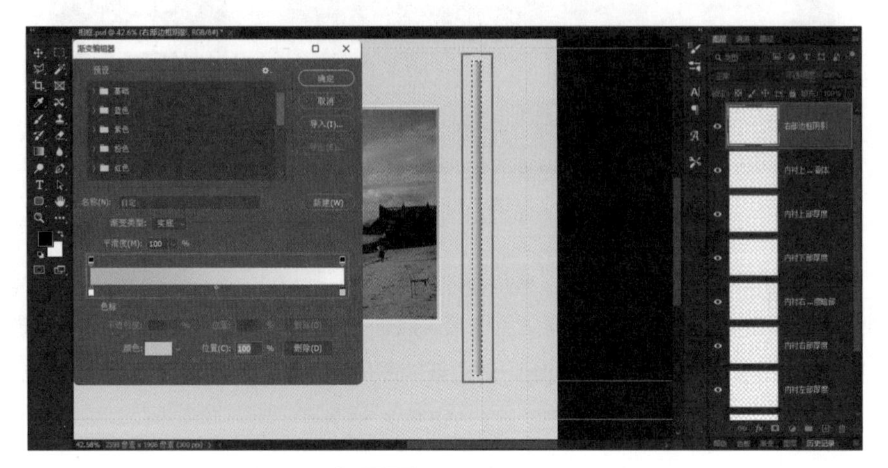

图2.55 右部边框阴影

图2.56 左部边框阴影

⑧ 在此基础上设置左侧边框阴影，左侧因其受光源影响，渐变颜色调整由暗灰向白过渡，步骤与上述一样。先创建一层新的图层，修改为上部边框阴影，随后制作选区将调整好的渐变颜色由上向下由暗灰向白过渡。如图 2.57 所示。下部边框阴影制作方法相同，但要注意因其是下部边框阴影又远离光源，受光源影响其暗部相对较虚，阴影较淡。将渐变颜色设为亮灰向白渐变，随后将渐变颜色由下向上由亮灰向白过渡。如图 2.58 所示。

图2.57 上部边框阴影

图2.58 下部边框阴影

⑨ 制作上部边框暗部。我们先创建新的图层，命名为上部边框暗部，建立选区使其与设定的相框轮廓保持一定距离，这也为后面添加层次留出位置，因其是上部边框，其内的暗部离光源较近，故明度更暗，修改渐变工具将起始颜色设为更重的暗灰，另一端依旧是亮灰，选定如图所示选区由上而下填充渐变颜色由暗及亮过渡。如图 2.59 所示。

图2.59 上部边框暗部

⑩ 制作过程中保持着宁多勿少的原则，多出的部分可以利用下一图层覆盖，而缺少部分的补充却要花费很大的工夫。随后进行右边框的暗部制作。首先仍是创建一个新的图层，命名为右部边框暗部，微调渐变颜色使其适用于右部暗部位置，将辅助线外移留出适当高光亮部位置，因光源问题渐变颜色填充由下向上由暗灰到亮灰，如图 2.60 所示。切记相框的结构选区上方应是倾斜的，选出选区按住“Ctrl+T”进行更改，再次按住“Ctrl”用鼠标拉动选区左上角下拉拉出相框边角暗部形状即可。

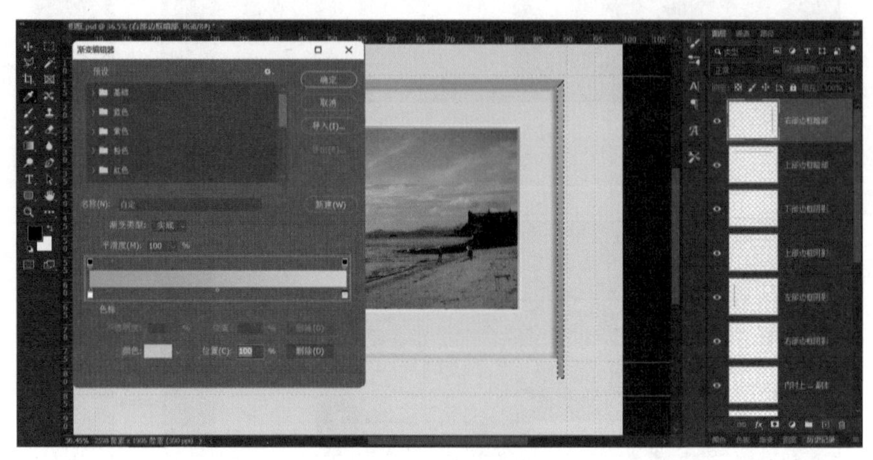

图2.60 右部边框暗部

⑪ 制作整个边框阴影部分，使其更具立体感。首先创建新的图层取名为阴影，利用选区工具制作选区。我们先制作下方阴影，拉出长方形选区随后填充渐变颜色。我们先做整体的阴影渐变颜色，亮度适度提高，颜色由亮灰向背景灰过渡，由上向下填充，随后点击“Ctrl+T”进行选区调整，点击“Ctrl”调整影子右上倾斜度，按住“Ctrl”用鼠标向左拉动右下角。如图 2.61 所示。随后用同种方式制作相框左侧相框阴影，如图 2.62 所示。

图2.61 下阴影

图2.62 左阴影

⑫ 制作相框暗部。相框暗部只受下方墙面等物体的反射作用从而受光，所以相框暗部亮度要加深，其次从整体视觉角度来看，下部暗部的范围更小。首先建立相框暗部选区，用选区工具先框出选区，修改渐变颜色，使用更暗的暗灰向亮灰过渡的颜色，在选区中由上而下添加颜色，并点击“Ctrl+T”进行选区调整，点击“Ctrl”调整影子右上倾斜度，按住“Ctrl”用鼠标向下拉动左下角，如图 2.63 所示。随后右下方暗部同上操作一样。

图2.63 相框暗部

⑬ 完成相框整体暗部操作之后，我们开始给相框正面添加高光。建立新的图层命名为相框边缘高光。背景色改为纯白色，制作选区用“Ctrl+Delete”进行填充，如图 2.64 所示。后期会覆盖多余的高光条，所以不必担心高光范围过大，这也是一直强调的先整体再细节，先铺再盖。

⑭ 制作边框时，每一个边框创建一个新的图层，以方便在单个出现错误的时候进行修改。在辅助线边框区域创建选区，前景色选择背景颜色以制造简约的感觉，直接点击前景色出现拾色器后，点击背景拾取背景颜色，然后点击“Alt+Delete”进行前景色填充。左右两

侧相框使用渐变工具进行颜色填充，仍旧是使用接近于背景色的颜色渐变减少颜色渐变差，如图 2.65 ~图 2.68 所示。

图2.64 相框边缘高光

图2.65 相框上部边框

图2.66 相框下部边框

图2.67 相框左部边框

图2.68 相框右部边框

⑮ 结束后即可保存，做完的照片边框显得具立体感，更具特色，如图 2.69 所示。

图2.69 相框

技巧点拨

本章放弃了简单的扩充画布填充颜色的边框做法，使用了选区填充。渐变填充的方式使得边框具有立体感，相比于传统扩充画布填色制作边框的方法，这样做使边框不再生硬，可以更好地表达出作者想要的效果，使边框更具特色。当然在相框制作的时候，制作步骤和想法要相互契合，做到井然有序。

2.4 用文字增强画面艺术效果

我们在看到美景的时候都会感叹大自然的鬼斧神工，并用相机记录下这一刻，但单一的照片总显得空旷而没有特色。本节我们利用文字来增强照片的艺术效果，使其达到对外宣传的作用。

① 新建文件，“名称：品味扎龙；宽度：3072 像素；高度：2304 像素；分辨率：180 像素 / 英寸；背景内容：白色”。具体如图 2.70 所示。

图2.70 新建文件

② 将“品味扎龙”原图拖入框架中，点击“裁剪工具”，随后利用鼠标拖动框架四角进行重新构图。具体如图 2.71 所示。

图2.71 图片重构

③ 完成上述操作后我们添加文字装饰，首先将“文字素材 5”拖入图片中，随后按住“Ctrl+T”出现大小调节按键，利用鼠标拖动框架四角调节字体大小，使其大小如图 2.72 所示。

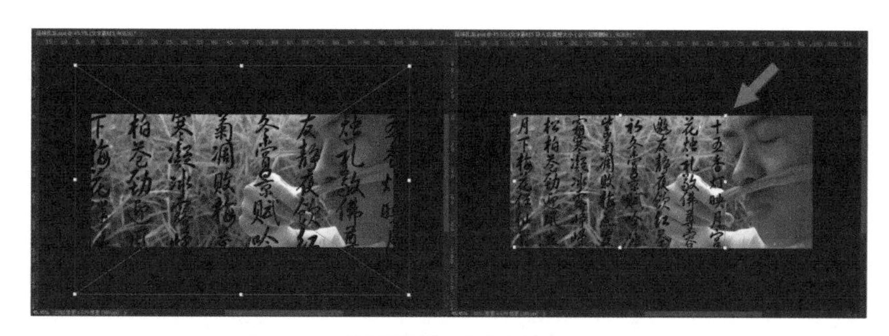

图2.72 文字素材5

④ 随后我们发现字体对人物有一定的遮挡，且文字过重遮挡住了风景。我们先解决文字与人物的遮挡关系。首先选中“文字素材 5”图层，用路径工具对人物被遮挡部分进行框选，完成后点击右上方“路径”，随后点击右下方“路径转换选区”。具体如图 2.73 所示。完成上述操作后点击“Backspace”进行删减。

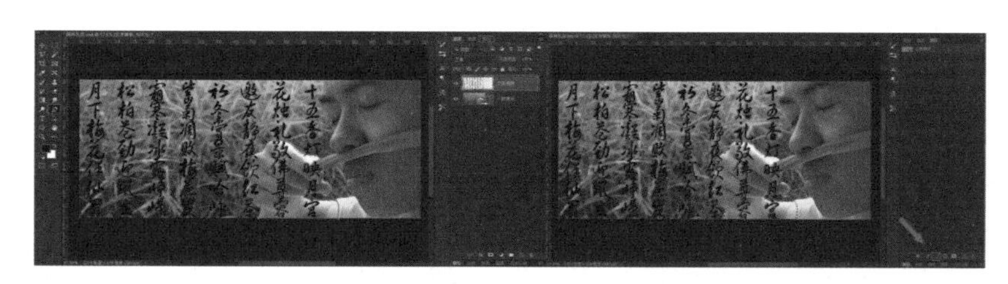

图2.73 制作遮挡部分选区

⑤ 完场上述操作后给“文字素材 5”图层添加图层蒙版，具体操作如图 2.74 所示。随后调节“渐变工具”左侧“上方不透明度: 100；下方颜色：黑色”，右侧“上方不透明度: 0；下方颜色：黑色”。完成上述操作后选择“图层蒙版”利用“渐变工具”在图片区域按住“Shift”键，利用鼠标由下至中进行填充（左图）。最后将图层整体不透明度进行调节“不透明度: 25%”。具体操作和数值如图 2.74 所示。

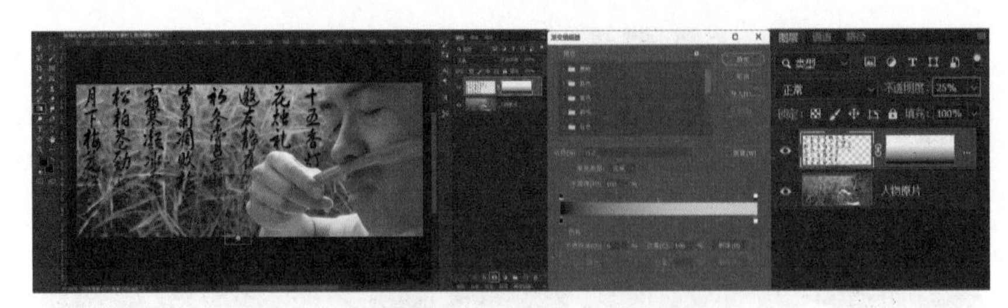

图2.74 文字素材5调节

⑥ 完成上述操作后，在左侧添加艺术字进行装饰，将文字素材 1、文字素材 2、文字素材 3 放置在指定位置。放置过程中注意单个文字大小，控制“Ctrl+T”进行调节使其大小不一凸显层次感。具体如图 2.75 所示。

⑦ 利用“魔术棒”（W）工具，按住“Shift”对文字依次进行框选，选择时注意文字所在选区。具体操作如图 2.76 所示。“新建图层”按住“Shift+F6”更改为“羽化值: 5”点击“确定”，随后确定“背景色: 白色”点击“Shift+F5”选择背景色填充。具体数据如图 2.77 所示。

图2.75 品味扎龙文字

图2.76 确定选区

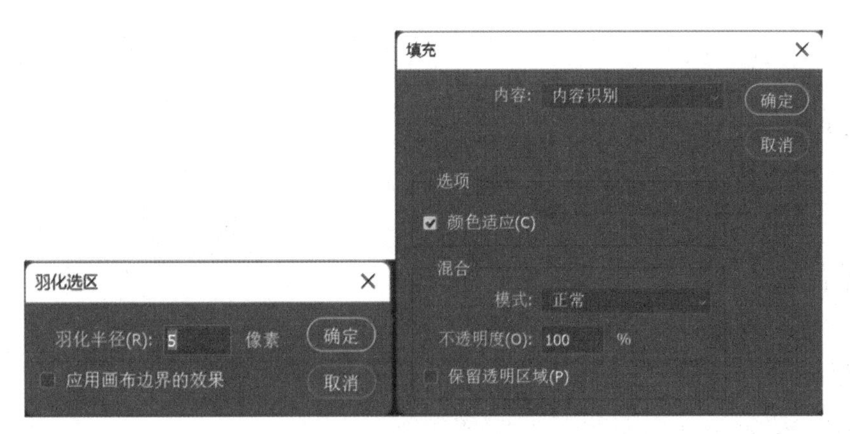

图2.77 数据

⑧ 完成上述操作后，将“祥云素材”和“印章素材”依次放置如图所示位置，具体如图 2.78 所示。

图2.78 添加装饰

⑨ 随后将“文字素材 4”放置图中所示位置，制作方法同⑥，⑦，具体操作如图 2.79 所示。

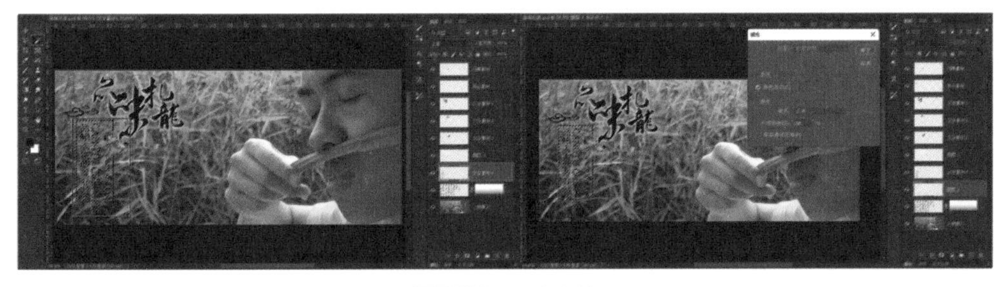

图2.79 文字素材4

⑩ 最终成品如图 2.80 所示。

图2.80 品味扎龙

技巧点拨

本节利用景物图片空白，添以文字，以达到自己想要的艺术感觉，用字体作为装饰并结合照片空白处营造出更强的艺术氛围感，初学者初期可以用普通字体，这样可提高自身审美和熟悉文字利用方式，熟练后可以用艺术字来增强照片艺术效果。

2.5 小结

本章我们学习了 Photoshop 2022 视觉效果基础制作方法，学习了重构图、色相色阶调整、曲线调整、饱和度亮度调整、文字应用，使大家对于 Photoshop 2022 视觉效果基础调整方式有一定的了解，进而熟练地应用它们，通过学习希望大家能根据不同图片遇到的问题进行解决。

还需注意的是色相和色阶的灵活运用、亮度与饱和度的相互协调以及曲线的适当调整。必要时可以选择多方面混合应用，但也要注意调整的顺序和程度。

03

第 3 章

绘制风格插画

【本章导读】

采用自由绘制素材的手法是深受大家喜欢的绘制风格，它很好地体现了 photoshop 2022 笔刷绘制功能。本章的重点在于协调主体人物与手绘素材的各种关系，在整合的处理上使作品具有视觉冲击力。

本章主要学习以下内容：

- 如何使用选择工具
- 如何创建不规则选区
- 如何进行缩放操作
- 如何合成素材
- 如何制作手绘效果

3.1 效果预览

从欧洲插画风格的画面本身的艺术性来看，这些图片的风格有手绘制作的插画美感。通过本章的学习，在掌握一定操作命令的基础上，可以自己制作漂亮的欧洲插画风格写真照片。欧洲插画风格的最大特点是手绘的效果，在手绘风格的塑造上，可以更加主观地展现自己喜欢的插画风格。

3.2 工具选择

① 选择菜单中的“文件 > 新建”命令在 Photoshop 2022 的工作区新建一个文件，取名为“运动”，如图 3.1 所示。选择菜单中的“文件 > 打开”命令在 Photoshop 2022 的工作区打开素材库中的人物素材 1，如图 3.2 所示。然后使用工具箱中的移动工具拖入运动文件。

图3.1 “运动”

图3.2 人物素材1

② 选择工具中“画笔工具”，调整到如图 3.3 所示。然后选择前景色，最好在图中有对比，如图 3.4 所示。

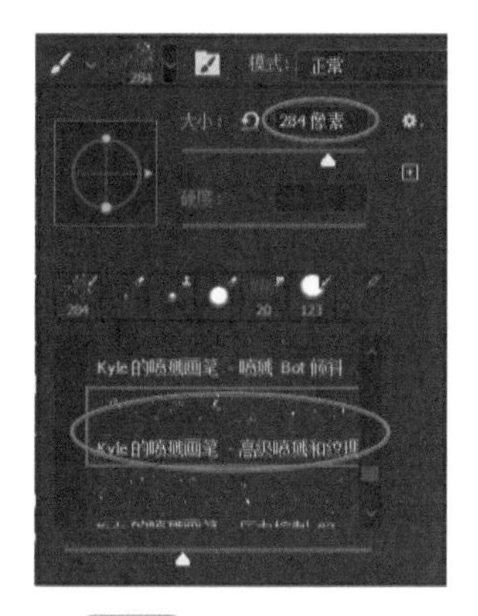

图3.3 画笔调整面板

图3.4 选择前景色

③ 选好前景色后在运动员身后绘画，形成如风带动的感觉，如图 3.5 所示。完成后可见颜色依旧很单调，再次选取不同前景色进行绘画来丰富画面，如图 3.6 所示。

图3.5 画笔进行绘画

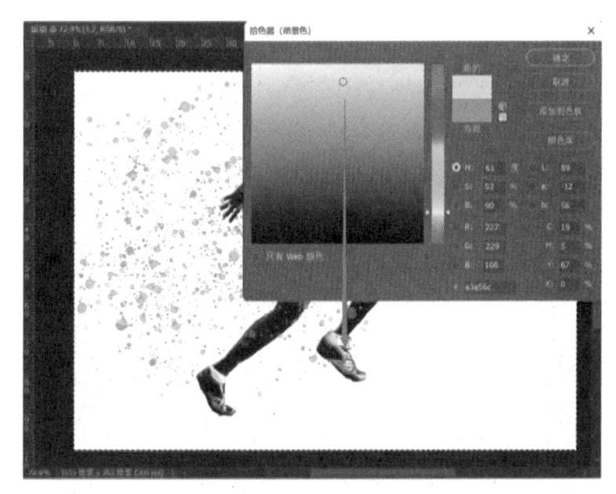

图3.6 再次选取不同的前景色

④ 随后切换背景色，选取蓝色背景，用“Ctrl+Delete”将背景转换为蓝色，如图 3.7 所示。最后达到自己想要的效果。如图 3.8 所示。

图3.7 运动修改

图3.8 运动

技巧点拨

在这则运动的实例制作中，素材完全是电脑制作的。在制作这些素材时，笔刷的应用是非常重要的，笔刷的样式多种多样，绘制的效果也多种多样，可以根据需要自由发挥。

3.3 创建不规则选区

① 当我们浏览照片的时候，看到有我们想要的素材时可以直接将照片拖入 Photoshop 2022 中进行取材，如图 3.9 所示。然后调节前景色为黑色，打开快速蒙版创建选区，如图 3.10 所示。

图3.9 《幻境》

图3.10 建立快速蒙版

② 建立完“快速蒙版”后，点击画笔工具对画笔进行调节，调节到适合自己使用的大小，如图 3.11 所示。随后在自己想要截取的物体上进行涂抹，如图 3.12 所示。

图3.11 调节大小

图3.12 进行涂抹

③ 涂抹完成后轻按“Q”键退出快速蒙版，呈现选区，如图 3.13 所示。但可以发现此时的选区并不是船这个物体而是场景，随后用“Ctrl+Shift+I”进行反选，如图 3.14 所示。

图3.13 退出快速蒙版呈现选区

图3.14 进行反选

④ 完成上述操作后用“Ctrl+C+V”复制创建新的图层，如图 3.15 所示。随后退出另存为 GIF 格式，图中船就被单独取出了，它可以进行插画使用，如图 3.16 所示。

图3.15 单独拿出

图3.16 保存使用

技巧点拨

在这则实例制作中，运用蒙版制造选区是非常重要的，选区的制作方法多样，蒙版制作选区是最快的，但是选区精细程度相较于其他方法是不够的，可以根据需要进行选择，以达到自己想要的效果。

3.4 缩放调整

① 首先在 Photoshop 2022 中打开取材图片《远行》，如图 3.17 所示。随后创建"快速蒙版"，进行涂抹，如图 3.18 所示。

图3.17 《远行》

图3.18 建立蒙版进行涂抹

② 涂抹完按"Q"键退出蒙版呈现选区，如图 3.19 所示。退出蒙版后若发现选区并不是选中小车，用"Ctrl+Shift+I"进行反选，选中汽车，如图 3.20 所示。

图3.19 呈现选区

图3.20 反选选区

③ 再在 Photoshop 2022 中打开《幻境旅途》图片，如图 3.21 所示。将汽车拖入图中合适地方，按"Ctrl+T"对汽车大小进行调节，如图 3.22 所示。

图3.21 打开《幻境旅途》图片

图3.22 调节汽车大小

④ 调整好汽车大小后再次进行光影调整，对画面做简单饱和度、色阶和曲线等处理，完成微调后如图 3.23 所示。最后保存 JPG 格式形成最后的完整照片，如图 3.24 所示。

图3.23 画面调整

图3.24 《幻境旅途》

3.5 合成素材

① 在 Photoshop 2022 中打开照片《余晖》，如图 3.25 所示。然后用钢笔工具将所要的素材天空围起，如图 3.26 所示。

图3.25 《余晖》

图3.26 截取天空

② 用“Ctrl+Enter”将钢笔路径转换成选区，如图 3.27 所示。然后继续打开照片《山下村庄》，如图 3.28 所示。

图3.27 路径转选区

图3.28 《山下村庄》

③ 在照片中制作“钢笔路径”，将想要留下的场景围起，如图 3.29 所示。然后用“Ctrl+Enter”将钢笔路径转换成选区，如图 3.30 所示。

图3.29 制作路径

图3.30 路径转换成选区

④ 按“Ctrl+C+V”直接将选区内容复制，随后删除原图层，如图 3.31 所示。最后将《余晖》的选区天空直接拖入《山下村庄》中，其图层在原图之下调整即可，最后选择《山下村庄》图层对画面进行调整，完成后如图 3.32 所示。

图3.31 删除天空选区

图3.32 切换天空后

技巧点拨

在这个实例制作中，钢笔选区的应用是非常重要的，选区的样式多样，如何选择合适的制作选区的方式尤为重要，可以根据需要自由选择，以达到自己想要的效果。

3.6 手绘实例操作

① 选择菜单中的“文件 > 新建”命令在 Photoshop 2022 的工作区新建一个文件，取名为“倩影”“宽度：1299 像素；高度：709 像素；分辨率：300 像素 / 英寸”，如图 3.33 和图 3.34 所示。

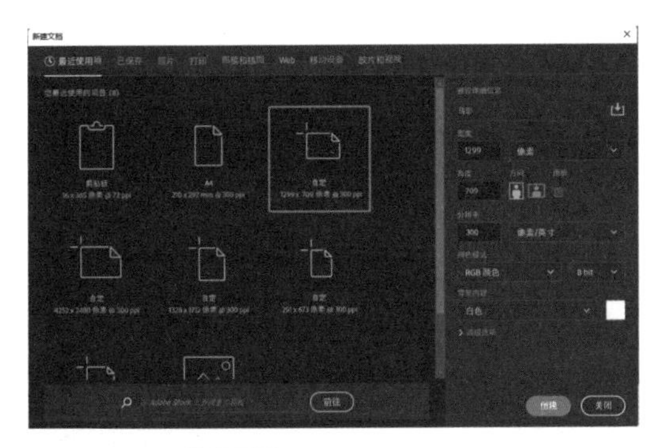

图3.33 新建文件的数据

图3.34 新建文件

② 选择菜单中的“文件 > 打开”命令在 Photoshop 2022 的工作区打开素材库中的底纹素材。选择菜单中的“图像 > 模式 >RGB 颜色”命令，将底纹素材的文件模式由索引模式改为 RGB 模式，然后使用工具箱中的移动工具拖入离线《倩影》文件，按快捷键“Ctrl+T”，使用变形工具将底纹素材调整到适当位置，效果如图 3.35 所示。

图3.35 导入底纹素材

③ 将“山岭”素材放置底层素材中，如图 3.36 所示。随后利用“对象选择工具”选取“山岭”素材形成选区，如图 3.37 所示。

图3.36 导入“山岭”素材

图3.37 建立选区

④ 随后用“Ctrl+Delete”填充黑色，并利用方向键进行错位处理，如图 3.38 所示。完成后添加“图层蒙版”，用渐变工具等完成虚实过渡，完成后如图 3.39 所示。

图3.38 填充底色

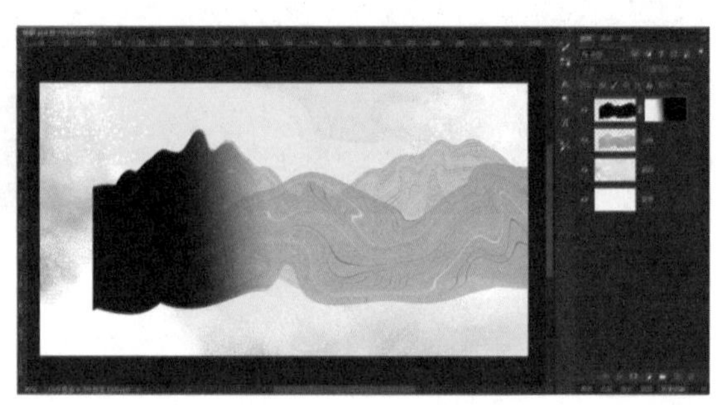

图3.39 制作虚实过渡

⑤ 随后将准备好的素材放置如图 3.40 所示位置，放置图中时按“Ctrl+T”对素材大小进行调整，具体操作如图 3.40 所示。

图3.40 素材放置

⑥ 将准备好的“人物素材 2”放置与图中左侧为止，按“Ctrl+T”将其大小进行调整，完成后如图 3.41 所示。

图3.41 添加人物

⑦ 将准备好的“松竹梅”放置于图中，调整图层状态设置为“正片叠底”，如图 3.42 所示。随后调整位置，对人物进行部分遮挡，如图 3.43 所示。

图3.42 正片叠底

图3.43 松竹梅（一）

⑧ 将“松竹梅”素材进行复制，用“Ctrl+C+V”，随后更改图层状态为“线性减淡”，如图 3.44 所示。随后将其放置如图 3.45 所示位置。

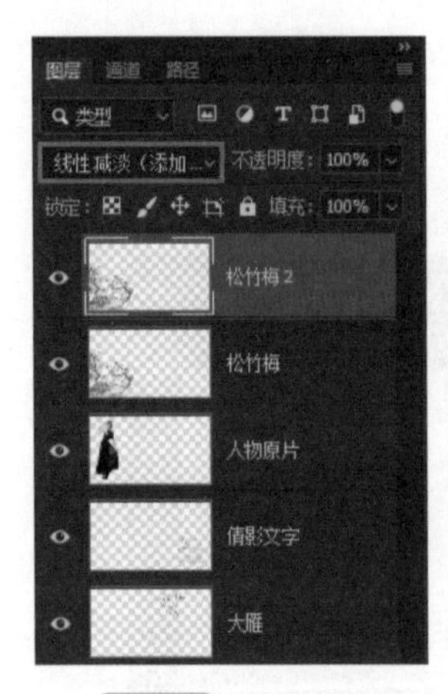

图3.44 线性减淡

图3.45 松竹梅（二）

⑨ 最后完整稿如图 3.46 所示。

图3.46 《倩影》

技巧点拨

在这个实例制作中，素材完全是电脑制作的。在制作这些素材时，涂抹的应用是非常重要的，涂抹的样式单一，但绘制效果丰富，可以根据需要自由发挥，以达到自己想要的效果。

3.7 技法延伸

用数码技术，设计师不仅可以天马行空、灵活自如地创作出类似各种手绘效果的插画，还能够绘制出手绘无法达到的数字效果。从技术上或者不同绘制软件上说，数码技术插画大致可分为矢量插画、点阵图插画、3D 效果插画和数码混合插画四类。

矢量插画一般都是通过 Coreldraw、Illustrator、Freehand、XARA 等矢量图形软件绘制而成，矢量插画具有矢量图图形创作的优势，可以产生非常细腻的视觉效果，即使是局部细小的细节，也可以被完整、精致地呈现出来，同时矢量插画能够表现出一种独特的平面图形意趣。

点阵图插画主要是通过 Photoshop、Painter 等处理软件制作完成的插画，其最接近手绘效果，同时能创作出超越手绘的数码效果。

3D 效果插画。通过 3D Max、Maya 等三维软件制作完成的插画，3D 效果插画能够通过数字运算完成逼真、生动的空间物象的三维效果，甚至可以通过充分地应用渲染创造出非常细腻的物象质感。

混合插画。融合各种数码插画绘制软件制作完成的插画，混合插画的创作非常自由、随意，手法多种多样，取材随意灵活，画面元素丰富多彩。如图 3.47（插画作家史琨的作品）所示。

图3.47 混合插画示例

3.8 小结

通过本章案例我们学习了如何使用选择工具；如何创建不规则选区（画笔蒙版，钢笔）；如何进行缩放操作（Ctrl+T）；如何合成素材（选区转换）；如何学以致用——制作手绘效果等，这些技法可以使你的写真照片具有手绘或涂抹的绘制效果。

04

第 4 章

好莱坞流行风格的视觉特效制作方法

【本章导读】

本章主要讲解的内容是如何制作影视特效的人像写真作品，通过《FIRE》实例来具体讲解好莱坞大片的宣传海报和宽屏影视桌面效果的制作，以及如何通过相关素材合成出影视海报写真作品。

本章主要学习以下内容：

- 如何分析和运用好莱坞风格海报的效果
- 如何制作特效写真
- 如何给画面着色
- 如何运用素材合成电影海报写真
- 如何运用图层混合模式制作好莱坞影视特效

4.1 效果预览

请大家先观察图 4.1 所示的好莱坞影视海报作品，我们可以轻易总结出好莱坞风格海报的特点有以下几点：

① 背景往往是深色的，人物和场景往往是彩色效果，并且十分夸张，这么做是出于增强画面视觉冲击力的考虑，而且深色背景也更能突出人物和场景的绚丽效果。

② 人物的着装比较夸张，符合剧情，这是为了宣传影片故事。

③ 人物的光影对比较强，并且都有侧光或者逆光效果。

④ 海报中电影的名字都用夸张效果的字体，十分夺目，这是为了吸引观众的注意力，增强观众对该电影名的记忆，达到宣传的目的。

图4.1 海报作品

4.2 技法要点

针对总结出的好莱坞风格海报特点，我们将逐一进行分析。这里要注意以下几点：

① 在选择制作好莱坞风格海报写真的人物原片时，要选择人物着装和动作都比较夸张、表情丰富、人物轮廓的光影对比较大的照片，背景不能太复杂，最好是单色或黑色背景。

② 在选择合成素材的时候，最好选择深色背景的效果夺目的素材。

③ 海报中电影的名字都用夸张效果的字体，十分醒目，所以我们可以多收集一些好看、经典的字体，甚至是自己设计和制作出符合主题的字体。

④ 多掌握些比如火焰、光线、金属等特殊效果的制作方法，掌握好莱坞风格海报特征及

处理手法，学会用各种手段对照片进行调色以及制作效果。

⑤ 好莱坞风格海报有常用的较为固定的版式，我们可以直接模仿或者套用人物及其姿势等内容。

4.3 实例剖析

本例讲解如何通过 Photoshop 2022 绘制超写实火焰特效，以及运用火焰特效制作出好莱坞风格的海报写真作品。大家应掌握火焰特效的制作方法以及运用“色相 / 饱和度”工具给画面着色。

技法点拨

盖印可见图层，风格化滤镜，高斯模糊，液化命令，色相 / 饱和度命令，图层混合模式的应用。

实例原片如图 4.2 所示，火焰效果如图 4.3 所示，最终效果如图 4.4 所示。具体步骤如下：

图4.2 人物原片

图4.3 火焰效果

图4.4 最终效果

① 打开 Photoshop 2022 软件，通过快捷键“Ctrl+N”，新建一个宽度为 1200 像素，高度为 1600 像素，分辨率为 72 像素 / 英寸的文件，并且命名为《FIRE》，并将背景填充为黑色，如图 4.5 所示。

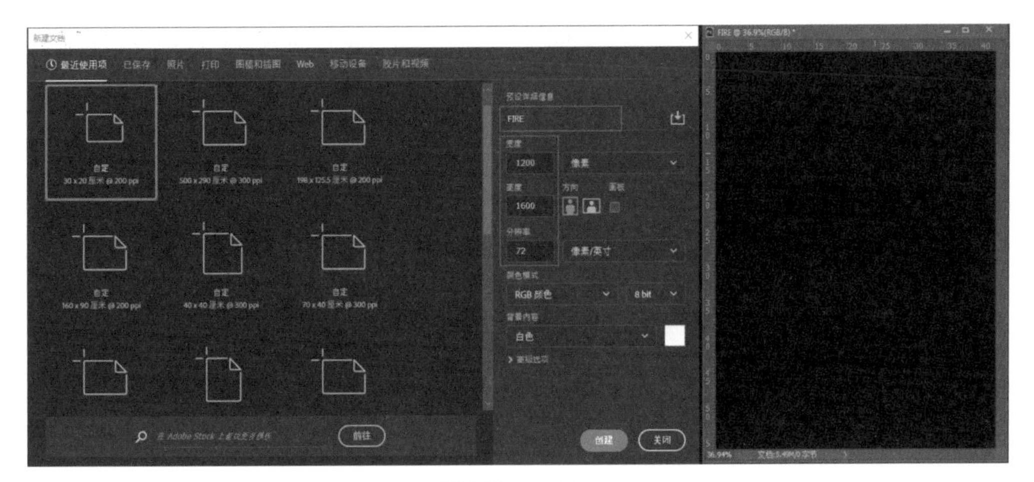

图4.5 新建文件

② 选择菜单中的“文件 > 打开”命令，在 Photoshop 2022 的工作区打开需要编辑的照片《人物》，拖入画面，并将这一图层命名为“原片”，如图 4.6 所示。

③ 按快捷键“Ctrl+J”命令，复制“原片”图层，得到图层“原片拷贝”，然后选择菜单中的“图像 > 调整 > 渐变映射”命令，选择紫色到橙色的渐变，将图层混合模式改为“柔光”，如图 4.7 所示。

图4.6 打开人物原片

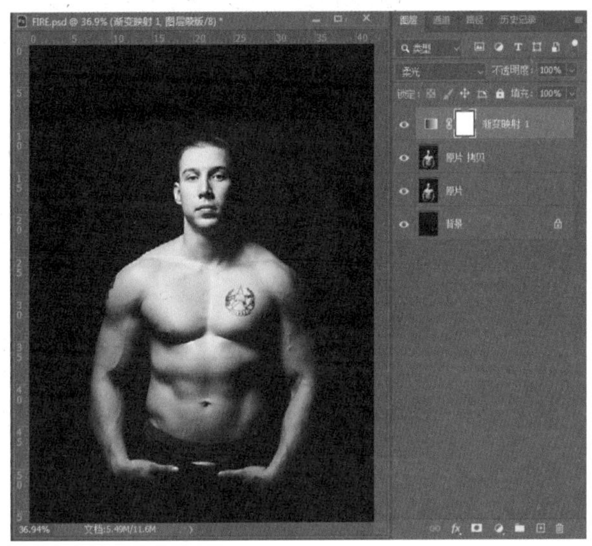

图4.7 用渐变映射给人物填色

④ 按快捷键“Ctrl+J”命令，复制“渐变映射 1”图层，得到图层“渐变映射 1 拷贝”，将此图层的不透明度改为 65%，到此，我们已经将黑白照片添加为彩色效果，如图 4.8 所示。

⑤ 新建一个图层，命名为“图层 1”，通过快捷键“Ctrl+Alt+Shift+E”盖印图层，如图 4.9 所示。

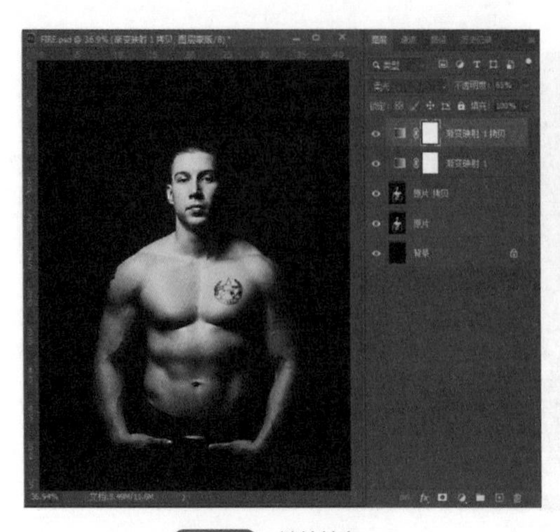

图4.8 继续填色

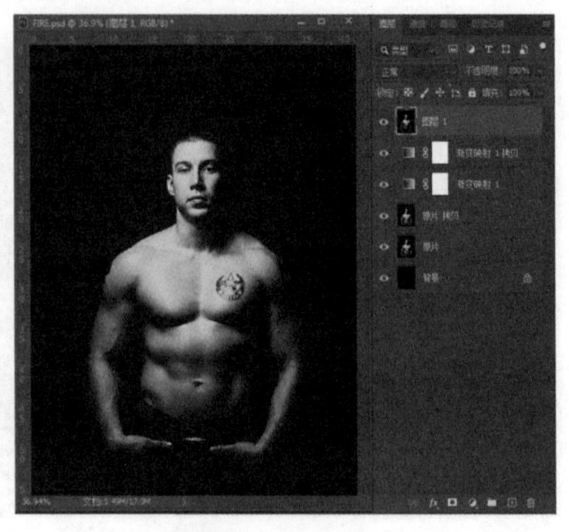

图4.9 盖印图层

⑥ 选择“原片”图层，按快捷键“Ctrl+J”命令，复制“原片”图层，得到图层“原片拷贝 2”，选择菜单中的“图像 > 调整 > 亮度 / 对比度”命令，将亮度调到最大，对比度调到最小，效果如图 4.10 所示。

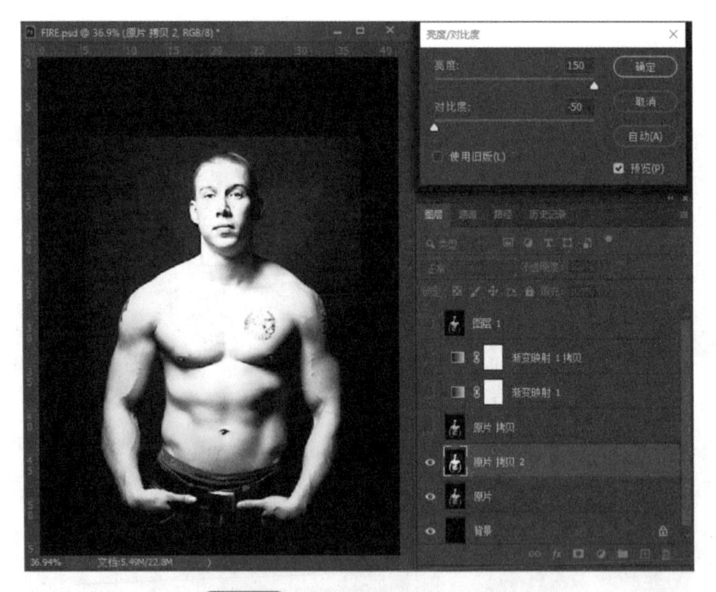

图4.10 增大背景与人物色阶差别

技巧点拨

这一步骤的目的是将人物与背景加强对比，好方便抠出人物的轮廓来。如果进行一次“亮度 / 对比度”命令效果不够明显，可以再进行一次该命令，直到能看清楚人物轮廓为止，如图 4.11 所示。

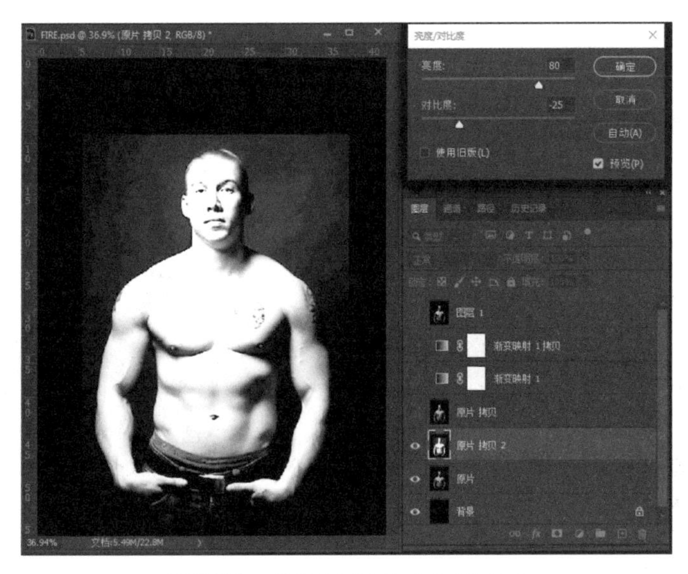

图4.11 继续增大背景与人物色阶差别

⑦ 选择图层“原片拷贝 2”，用钢笔工具将人物选取，去掉黑色背景，如图 4.12 所示。

⑧ 再次调整该图层的亮度 / 对比度，这次是将亮度调至最小，对比度调至最大。如此连做三次，将人物变成黑色剪影，如图 4.13 所示。

图4.12 删去人物背景

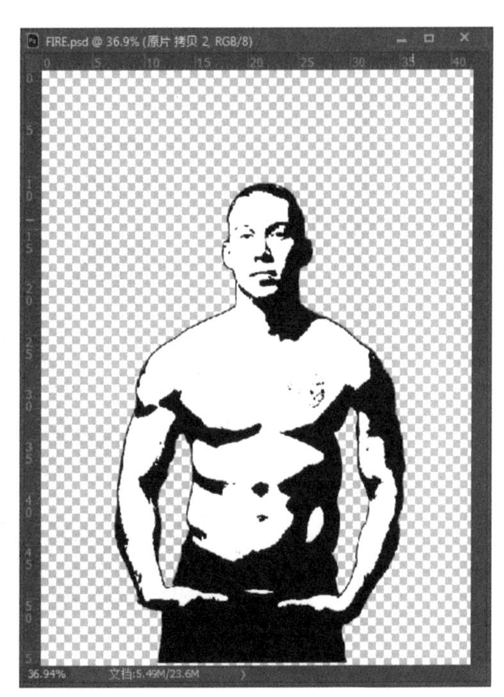

图4.13 制成人物剪影效果

⑨ 将图层“原片拷贝 2”拖动到“图层 1”下面，用魔棒工具选取人物轮廓外的区域，如图 4.14 所示。

⑩ 选取“图层 1”，给“图层 1”添加矢量蒙版，在选择区域用黑色填充，如图 4.15 所示。

图4.14 调整图层顺序

图4.15 给填色人物增加蒙版

⑪ 右键点击图层 1 蒙版，在弹出的对话框中选择“应用图层蒙版”。到此我们已经将人物抠图完毕，如图 4.16 所示。

图4.16 抠图效果

⑫ 打开菜单栏中的“图像 > 旋转画布”，将图像画布逆时针旋转 90°，将“图层 1”和“原片拷贝 2”图层隐藏，在其下方新建一个图层并且命名为“盖印”，执行快捷键“Ctrl+Alt+Shift+E”盖印图层，执行“风格化 > 风”，按默认值连续三次，效果如图 4.17

所示。

⑬ 将图像画布顺时针旋转 90° ，回到原来位置，用高斯模糊柔和画面，半径设为 3 像素，如图 4.18 所示。

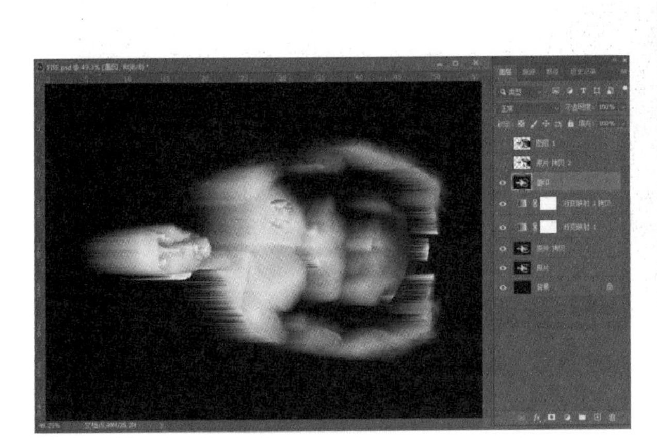

图4.17 旋转画布并风格化

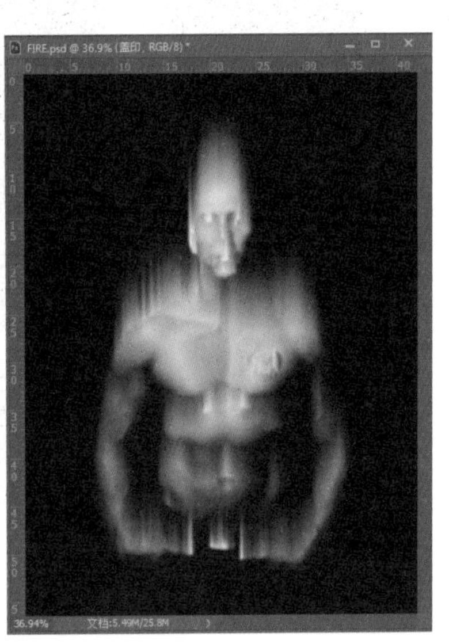

图4.18 用高斯模糊柔和画面

⑭ 下面我们开始为火焰着色。选择菜单中的“图像 > 调整 > 色相 / 饱和度”命令为图层着色，设置色相为 20，饱和度为 100，如图 4.19 所示。

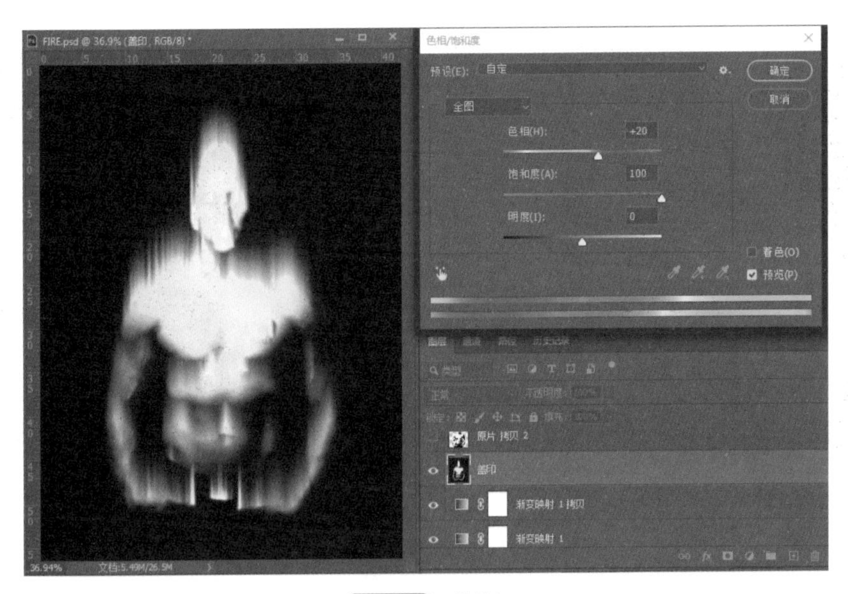

图4.19 着黄色

⑮ 按快捷键“Ctrl+J”命令，将“盖印”图层复制为“盖印拷贝”，继续用“色相 / 饱和度”命令，将色相改为 -25，其他不变，可以看到这一层现在变为红色，如图 4.20 所示。

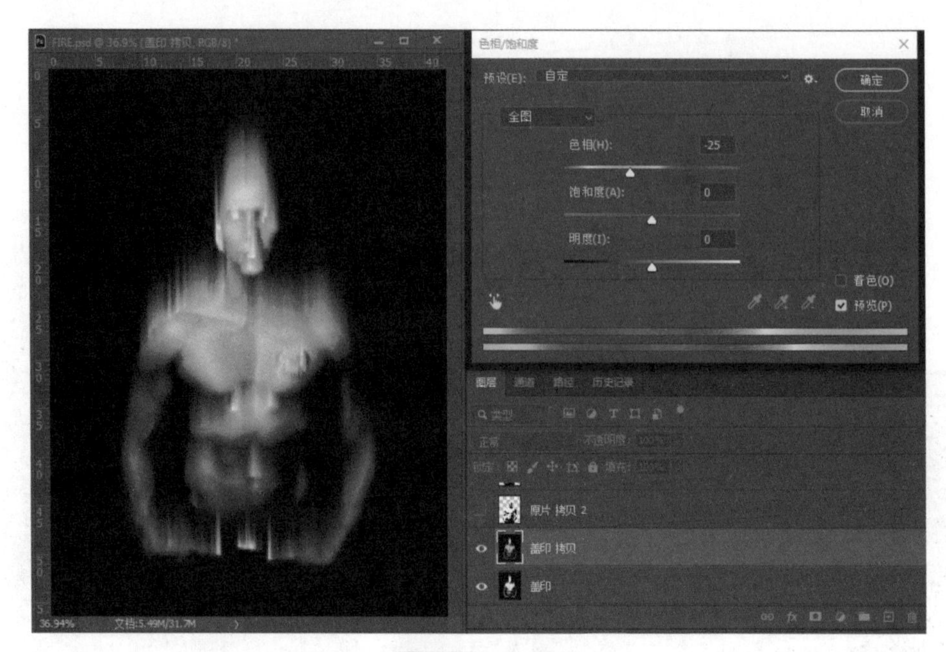

图4.20 着红色

⑯ 将图层“盖印副本”的混合模式改为“颜色减淡”，这样，红色和橘黄色就得到了很好的混合，火焰的颜色就出来了，如图 4.21 所示。

⑰ 键入快捷键“Ctrl+E”将图层“盖印拷贝”和“盖印”进行合并，命名为“火焰背景”，接下来我们要描绘火焰的外观，如图 4.22 所示。

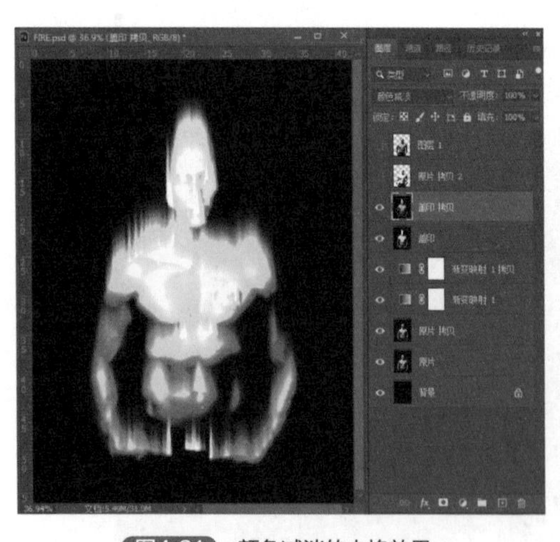

图4.21 颜色减淡的火焰效果

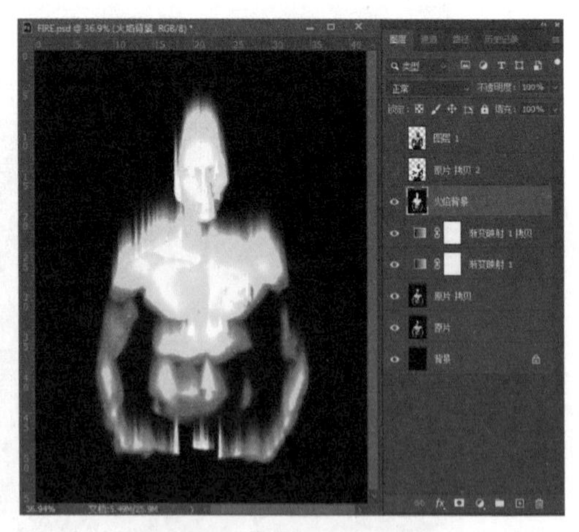

图4.22 “火焰背景”图层

⑱ 按快捷键“Ctrl+J”命令，将图层“火焰背景”复制为“火焰背景拷贝”，在菜单栏中选择“滤镜 > 液化”命令，将画笔大小调到 100，压力定为 80，在图像中描绘主要的火焰，然后将画笔和压力调小，画出其他的细小火苗，将该图层混合模式改为“滤色”，不透明度改为 80%，如图 4.23 所示。

技巧点拨

在 Photoshop 2022 中，利用液化功能可以轻松实现流体变形效果。配合膨胀挤压和还原工具，可以画出逼真的火焰外观。如果不满意，按住“Alt”键，“取消”按钮就会变为“复位”。记住，再次打开液化命令对话框时，上次的设定会被保留下来，你可以在刚才的基础上继续。

⑲ 按快捷键“Ctrl+J”命令，将图层“火焰背景副本”复制为“火焰背景副本 2”，接下来我们要继续对火焰进行修饰，使它的内焰完全融合，颜色均匀过渡。选择涂抹工具，选择一个大号的柔性笔刷，将压力设为 65%，在火焰上轻轻涂抹，要不断改变笔头大小和压力，以适应不同需要。然后将该图层混合模式改为“滤色”，不透明度改为 90%，如图 4.24 所示。

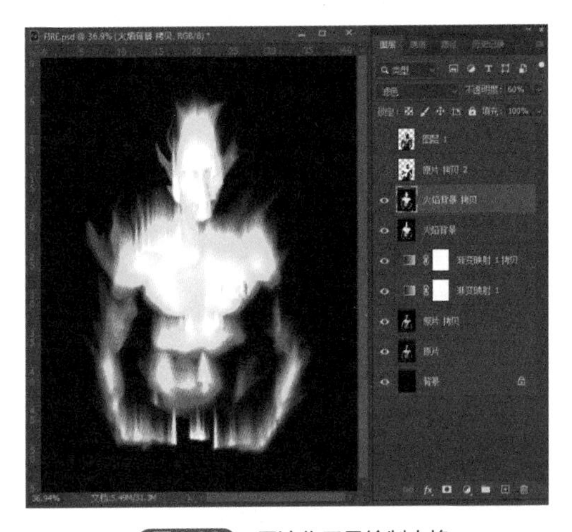

图4.23 用液化工具绘制火焰

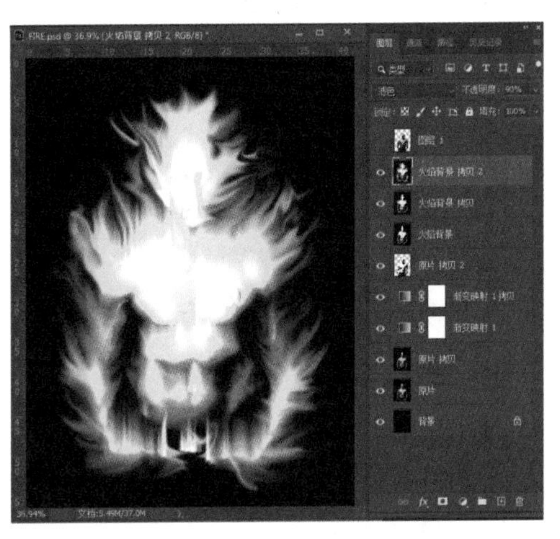

图4.24 用涂抹工具绘制火焰

技巧点拨

火焰的外观要和人物轮廓相符，不要变化得太多，否则就无法与人物结合。还要注意火焰的颜色，从外层到中心依次是红、黄、白。这一步骤没什么难点，关键在于耐心和细致。从上一步到这一步，都需要手绘，这是这幅作品中最耗费精力的地方，大家努力吧！

⑳ 火焰的外观完成后，接下来的工作就轻松多了。为使火焰的效果更加完美，我们可以再添加新的火焰的素材。打开“火焰素材 1-3”导入图像，将图层混合模式改为“滤色”，并多次复制该图层，放置到合适位置，如图 4.25 所示。

㉑ 将人物图层（即图层 1）置于图层最上方，将图层混合模式改为“强光”，到此，火焰效果制作已经基本完成，如图 4.26 所示。

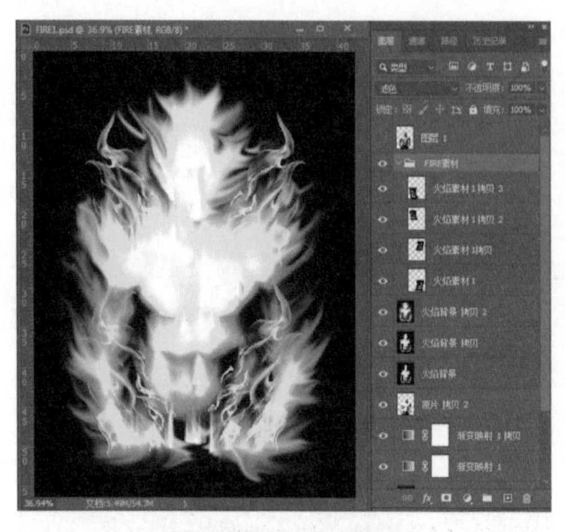

图4.25 合成火焰效果

图4.26 调整人物与火焰

㉒ 新建一个图层并且命名为“FIRE”，执行快捷键“Ctrl+Alt+Shift+E”盖印图层，由于人物构图较满，需要预留画面添加标题和说明文字。在“FIRE”图层用快捷键“Alt+T”缩小到合适的尺寸，除黑色背景外其余图层全部隐藏，如图 4.27 所示。

㉓ 添加火焰文字标题。打开火焰文字素材，置入图像，调整大小及位置，并将其图层混合模式改为“滤色”，如图 4.28 所示。

图4.27 盖印并缩小人物

图4.28 添加火焰文字

㉔ 添加“火焰素材 4”。打开“火焰素材 4”，置入画面下部，同样将图层混合模式改为“滤色”，如图 4.29 所示。

㉕ 最后添加海报的辅助说明文字，如图 4.30 所示。

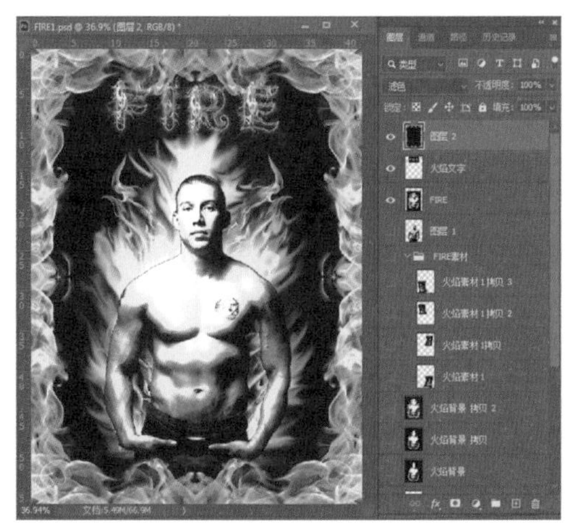

图4.29 添加火焰素材

图4.30 添加海报相关文字

技巧点拨

我们把图层“FIRE”隐藏，得到的效果同样也是很夺目的，如图4.31所示。

图4.31 最终效果

4.4 技法延伸

通过本章案例我们学习了如何利用“色相 / 饱和度”工具来对图片着色，如何制作出逼真的火焰效果，以及如何模仿和制作好莱坞风格海报写真。这些特殊的视觉效果不仅仅可以用来制作好莱坞海报，还可以应用于广泛的网页设计和视觉传达设计领域之中。利用本章的技术，我们可以制作自己的好莱坞风格电影海报写真和属于自己的电影海报桌面。

4.5 小结

本章我们学习了用各种特效来制作好莱坞流行风格的海报写真，还学习了如何利用素材合成具有强烈视觉冲击力的好莱坞风格画面，目的是使大家对好莱坞风格的特效有足够的了解和认识，希望大家通过学习能制作出自己的海报写真作品。

好莱坞流行风格的海报写真基本成型于 20 世纪初。当时观众的欣赏口味偏向于古典叙事风格，有声技术的运用也使电影中复杂的叙事与流畅的对话成为可能，这一切使经典好莱坞流行风格的海报具有浓重的戏剧化风格。同时这种风格也符合当时的制片厂制度。

05

第 5 章

倾心柔美的唯美特效制作方法

【本章导读】

倾心柔美是一种将唯美花纹作为素材搭配在广告作品和人物写真中的风格，画面中欧洲装饰主义风格特征的柔美动感的曲线给人一种唯美的感觉。本章主要讲解制作倾心柔美的唯美风格的花纹、藤蔓效果，以及如何将个人写真照片处理成具有唯美风格的作品。

本章主要学习以下内容：

- 学习如何进行花朵与枝叶的组合
- 学习如何利用星点来添加气氛
- 学习如何塑造倾慕风格的边角
- 学习如何制作影调和谐的花色背景
- 学习如何进行画面的整体调色

5.1 效果预览

从唯美特效画面本身的艺术性来看，这些图片的风格有其独特的美感，如图 5.1、图 5.2 所示。倾心柔美的唯美风格为我们塑造了时尚美感。通过本章的学习，在掌握一定操作命令的基础上，可以自行制作漂亮的唯美风格写真照片。倾心柔美的唯美风格的最大特点是花纹、藤蔓的装饰，既时尚又极具个性，散发着个性美感。同时，花纹、藤蔓也赋予了这些写真照片一些更具特色的感情色彩。在风格的塑造上，可以更加主观地体现自我的品味取向。

图5.1 效果预览（一）

图5.2 效果预览（二）

5.2 技法要点

观察如图 5.3、图 5.4 所示唯美特效风格的作品，不难发现这类图片一般都是经过特别设计处理的：画面色调优雅浪漫；图片色彩富于变化；黑白效果很少；图片中配以大量的花纹、藤蔓；图片中主题突出；一般主题文字都是经过艺术设计处理的；花纹和藤蔓是为了烘托画面的风格和气氛；花纹和藤蔓多取材于植物，往往以抽象的造型出现；有时，对画面中的人物也要加以处理，使其更具个性，同时又保持与画面的整体风格统一。

图5.3 作品示例（一）

图5.4 作品示例（二）

唯美特效风格的作品值得借鉴的优点：①张扬烂漫的自我个性，有很强的时尚感；②电脑操作的处理手法多样，应用花纹也比较多样，往往能够制造出意想不到的效果；③强调画面中要包含某种青春、时尚、浪漫的氛围，是个人写真作品的再创造；④画面的视觉冲击力很强，多种装饰元素并存，是平面设计中异质同构手法的很好的诠释；⑤浪漫的风情是其最具特色的所在，无疑，电脑的制作命令是塑造氛围的关键；⑥主题的字体多与主题风格相符，有时还配以大量的歌词、短句等相关内容，以达到图与文相互配合布局的目的，塑造出更加舒适的画面。

唯美特效风格的作品需要注意的缺点：①有套路化的倾向，由于这种风格的流行，许多人开始制作这类风格的图片，但创新的较少，花纹和藤蔓的装饰也应该推陈出新。②画面中的花纹和藤蔓都比较抽象，意在烘托气氛，体现作者的个人品位。但一些作者不能很好地把握作品的风格，装饰纹样文不对题，有很强的拼凑感。③在作品中多配以主题文字，但由于作者的文学素养不高，一些文字往往给人一种混乱不明的感觉。

5.3 实例剖析

5.3.1 实例1：花的季节

此实例的人物原照是一张婚纱照，通过 Photoshop 2022 我们将其制作成了淡雅的唯美风格的照片。

技巧点拨

本实例介绍利用已有的人物婚纱照片制作唯美风格的图片的方法。制作的思路还是从原片出发，以人物原片为中心，改变和添加辅助性的装饰图片，然后再整体调色，最后完成。

① 打开 Photoshop 2022 软件，选择菜单中的“文件 > 打开”命令，在 Photoshop 2022 的工作区打开人物原片，如图 5.5 所示。

图5.5 打开人物原片

② 选择菜单中的“文件 > 打开”命令，在 Photoshop 2022 的工作区打开素材库中的花簇 1 素材，如图 5.6 所示。选择菜单中的“图像 > 模式 >RGB 颜色”命令，将花簇 1 素材的文件模式由索引模式改为 RGB 模式，然后使用工具箱中的移动工具拖入《花的季节》文件，按快捷键“Ctrl+T”键，使用变形工具将花簇 1 素材调整到适当位置，效果如图 5.7 所示。

图5.6 拖入《花的季节》文件（一）

图5.7 拖入《花的季节》文件（二）

③ 点击图层面板下部的添加面板按钮，为花簇 1 图层添加蒙版，如图 5.8 所示。选择工具箱中的橡皮工具，在画笔属性中设置主直径为 65px，硬度为 0%，然后在蒙版上面擦除想保留下来的部分，效果如图 5.9 所示。这样左下角花簇的制作就完成了，擦除后的制作效果如图 5.10 所示。

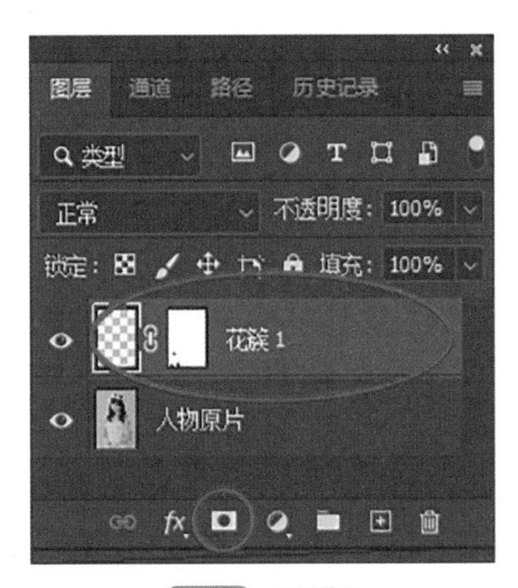

图5.8 添加蒙版

图5.9 操作蒙版

图5.10 花簇1制作的最终效果

④ 同理，选择菜单中的“文件 > 打开”命令在 Photoshop 2022 的工作区打开素材库中的花簇 2 素材，如图 5.11 所示。选择菜单中的“图像 > 模式 >RGB 颜色”命令，将花簇 2 素材的文件模式由索引模式改为 RGB 模式，然后使用工具箱中的移动工具拖入花的季节文件，按快捷键“Ctrl+T”键，使用变形工具将花簇 2 素材调整到适当位置，效果如图 5.12 所示。

图5.11 打开花簇2素材

图5.12 调整效果

⑤ 调整花簇 2 图层的图层样式。双击花簇 2 图层的图层缩略图，弹出图层样式对话框，将“常规混合”中的“混合模式”选为“正片叠底”。将“不透明度”调整到 64%，如图 5.13 所示。调整结果如图 5.14 所示。

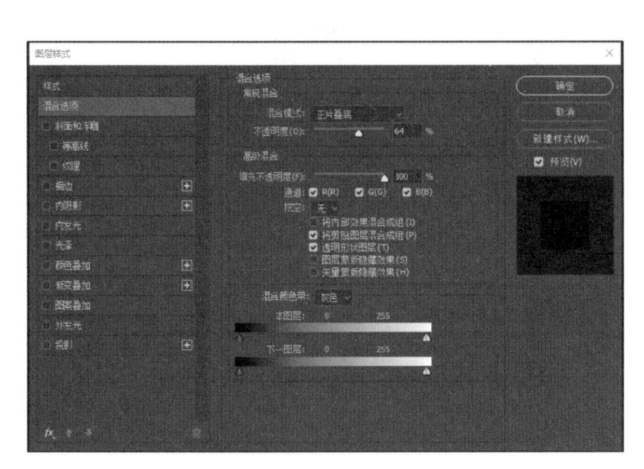

图5.13　调整图层样式

图5.14　调整效果

⑥ 再选择菜单中的“文件 > 打开”命令，在 Photoshop 2022 的工作区打开素材库中的蝴蝶 1 素材，如图 5.15 所示。选择菜单中的“图像 > 模式 >RGB 颜色”命令，将蝴蝶 1 素材的文件模式由索引模式改为 RGB 模式，然后使用工具箱中的移动工具将其拖入《花的季节》文件，按快捷键“Ctrl+T”键，使用变形工具将蝴蝶 1 素材调整到适当位置，效果如图 5.16 所示。

图5.15　打开蝴蝶1素材

图5.16　拖入《花的季节》文件

⑦ 选择菜单中的“文件 > 打开”命令，在 Photoshop 2022 的工作区打开素材库中的蝴蝶 2 素材，如图 5.17 所示。选择菜单中的“图像 > 模式 >RGB 颜色”命令，将蝴蝶 2 素材的文件模式由索引模式改为 RGB 模式，然后使用工具箱中的移动工具将其拖入《花的季节》文件，按快捷键“Ctrl+T”键，使用变形工具将蝴蝶 2 素材调整到适当位置，效果如图 5.18 所示。

图5.17　打开蝴蝶2素材

图5.18　拖入《花的季节》文件

⑧ 在图层面板中新建紫色渐变图层。在工具箱中选择渐变工具，在属性条的渐变模式中选择径向渐变，如图 5.19 所示。打开渐变编辑器，选择前景色到白色的渐变，如图 5.20 所示。

图5.19　紫色渐变

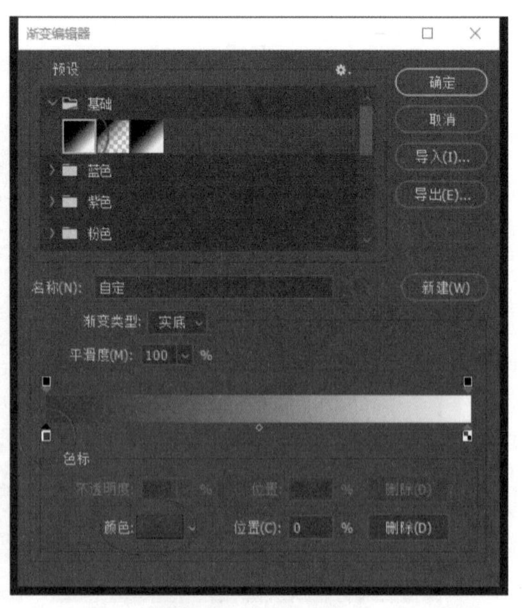

图5.20　渐变编辑器

⑨ 选择渐变编辑器中的前景色，在色标中双击颜色的色条框，弹出选择色标颜色对话框，在色标颜色对话框中选定一种深紫色，这样渐变工具的色彩就设置好了，效果如图 5.21 所示。然后在紫色渐变图层中由内而外进行渐变操作，效果如图 5.22 所示。

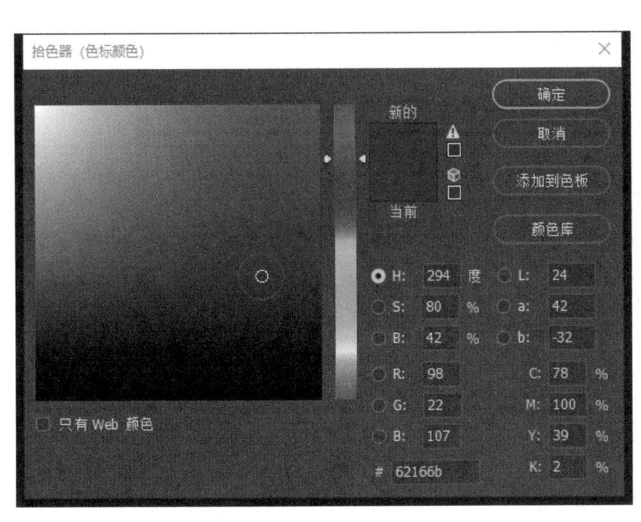

图5.21 选择色标颜色

图5.22 操作渐变

⑩ 紫色渐变操作后，将紫色渐变图层混合模式调为“正片叠底”，不透明度为“18”。得到最终效果如图 5.23 所示。这样整体的画面色调就转变成了淡紫色。

图5.23 渐变效果

⑪ 再选择菜单中的“文件 > 打开”命令，在 Photoshop 2022 的工作区打开素材库中的星光 1 素材，如图 5.24 所示。然后使用工具箱中的移动工具将其拖入《花的季节》文件，按快捷键“Ctrl+T”键，使用变形工具将星光 1 素材调整至适当位置，效果如图 5.25 所示。

图5.24 打开星光1素材

图5.25 拖入《花的季节》文件

⑫ 调整星光 1 图层的图层样式。双击星光 1 图层的图层缩略图，弹出图层样式对话框，将“常规混合”中的“混合模式”选为“线性减淡”，如图 5.26 所示。调整结果如图 5.27 所示。

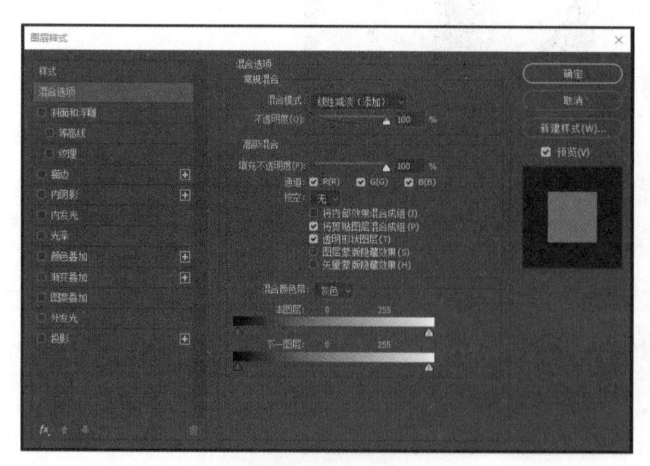

图5.26 调整图层样式

图5.27 调整效果

⑬ 再选择菜单中的“文件 > 打开”命令，在 Photoshop 2022 的工作区打开素材库中的星光 2 素材，如图 5.28 所示。然后使用工具箱中的移动工具拖入《花的季节》文件，按快捷键“Ctrl+T”键，使用变形工具将星光 2 素材调整至适当位置，效果如图 5.29 所示。

图5.28 打开星光2素材

图5.29 拖入《花的季节》文件

⑭ 选择菜单中的“文件 > 打开”命令，在 Photoshop 2022 的工作区打开素材库中的花饰品素材，如图 5.30 所示。选择菜单中的“图像 > 模式 >RGB 颜色”命令，将花饰品素材的文件模式由索引模式改为 RGB 模式，然后使用工具箱中的移动工具将其拖入《花的季节》文件，按快捷键“Ctrl+T”键，使用变形工具将花饰品素材调整到适当位置，效果如图 5.31 所示。

图5.30 打开星光2素材

图5.31 拖入《花的季节》文件

⑮ 调整花饰品图层的图层样式。双击花饰品图层的图层缩略图，弹出图层样式对话框，选择左侧样式中的斜面与浮雕，将“样式”选择“内斜面”，“方法”选择“平滑”。深度调整为 200%，大小调整为 20 像素，软化调整为 5 像素。角度为 120° ，高度为 45° 。效果如图 5.32 所示。然后选择左侧样式中的光泽，将“常规混合”中的“混合模式”选为“正片叠底”。不透明度调整为 25%，角度调整为 85° 。距离为 7 像素，大小均为 9 像素。效果如图 5.33 所示。

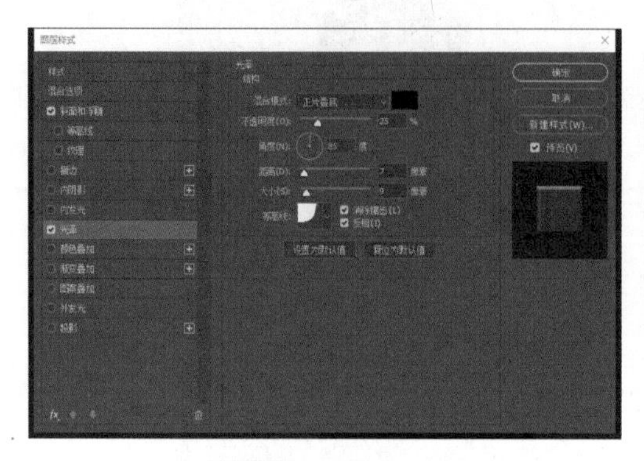

图5.32 斜面与浮雕

图5.33 光泽

⑯ 这样，花饰品的调整就完成了，效果如图 5.34 所示。

图5.34 调整效果

⑰ 选择菜单中的“文件 > 打开”命令，在 Photoshop 2022 的工作区打开素材库中的星点 1 素材，如图 5.35 所示。选择菜单中的“图像 > 模式 >RGB 颜色”命令，将星点 1 素材的文件模式由索引模式改为 RGB 模式，然后使用工具箱中的移动工具将其拖入《花的季节》文件，按快捷键“Ctrl+T”键，使用变形工具将星点 1 素材调整到适当位置，效果如图 5.36 所示。

图5.35 打开星点1素材

图5.36 拖入《花的季节》文件

⑱ 将星点 1 图层复制一层移动到人物左眼上，增加人物眼睛的闪光效果，增加了人物的活跃感。效果如图 5.37 所示。再选择菜单中的“文件 > 打开”命令，在 Photoshop 2022 的工作区再次打开素材库中的花簇 2 素材，如图 5.38 所示。

图5.37 复制星点

图5.38 打开花簇2素材

⑲ 选择菜单中的“图像 > 模式 >RGB 颜色”命令，将花簇 2 素材的文件模式由索引模式改为 RGB 模式，然后使用工具箱中的移动工具将其拖入《花的季节》文件，按快捷键“Ctrl+T”键，使用变形工具将花簇 2 素材调整到适当位置，效果如图 5.39 所示。双击花簇 2 图层的图层缩略图，弹出图层样式对话框，选择左侧样式中的投影，将“常规混合”中的“混合模式”选为“明度”，不透明度调整为 40%，如图 5.40 所示。

图5.39 图层暗纹

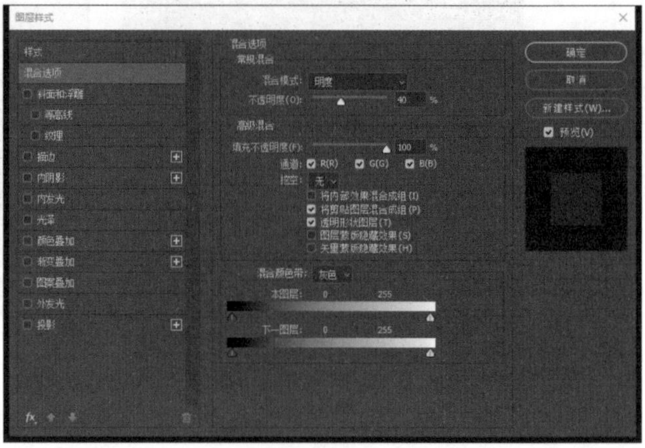

图5.40 调整明度

⑳ 这样就制作完成了，最终的效果如图 5.41 所示。

图5.41 最终效果

5.3.2　实例2：倾慕风尚

① 打开 Photoshop 2022 软件，选择菜单中的“文件 > 打开”命令，在 Photoshop 2022 的工作区打开人物原片，如图 5.42 所示。

图5.42　人物原片

② 选择菜单中的“文件 > 打开”命令，在 Photoshop 2022 的工作区打开素材库中的 background1 素材，如图 5.43 所示。选择菜单中的“图像 > 模式 >RGB 颜色”命令，将 background1 素材的文件模式由索引模式改为 RGB 模式，然后使用工具箱中的移动工具将其拖入倾慕风尚文件，按快捷键“Ctrl+T”键，使用变形工具将 background1 素材调整适当位置，效果如图 5.44 所示。

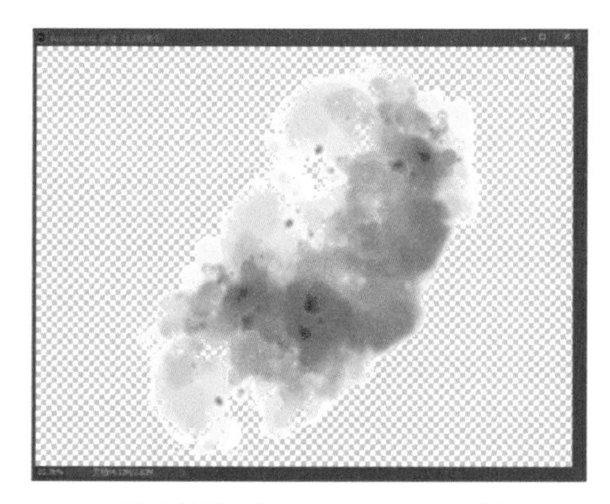

图5.43　打开background1素材

图5.44　导入background1素材

③ 调整 background1 图层的图层样式，双击 background1 图层的图层缩略图，弹出图层样式对话框，将“常规混合”中的“混合模式”选择“线性加深”。如图 5.45 所示。调整结果如图 5.46 所示。

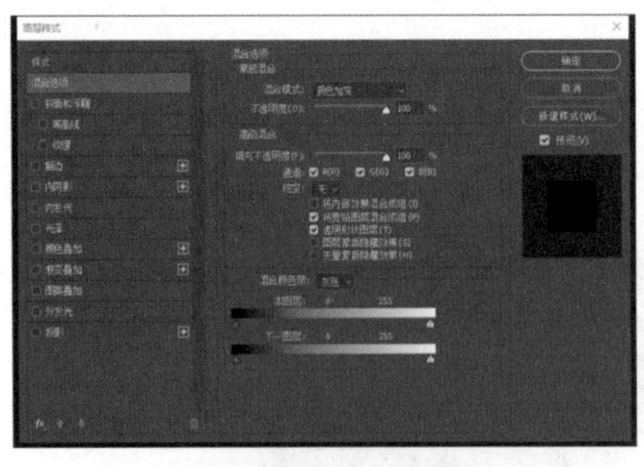

图5.45 调整图层样式

图5.46 调整效果

④ 选择菜单中的“文件 > 打开”命令在 Photoshop 2022 的工作区打开素材库中的 vine 素材，如图 5.47 所示。选择菜单中的“图像 > 模式 >RGB 颜色”命令，将 vine 素材的文件模式由索引模式改为 RGB 模式，然后使用工具箱中的移动工具将其拖入《倾慕风尚》文件，按快捷键“Ctrl+T”键，使用变形工具将 vine 素材调整到适当位置，效果如图 5.48 所示。

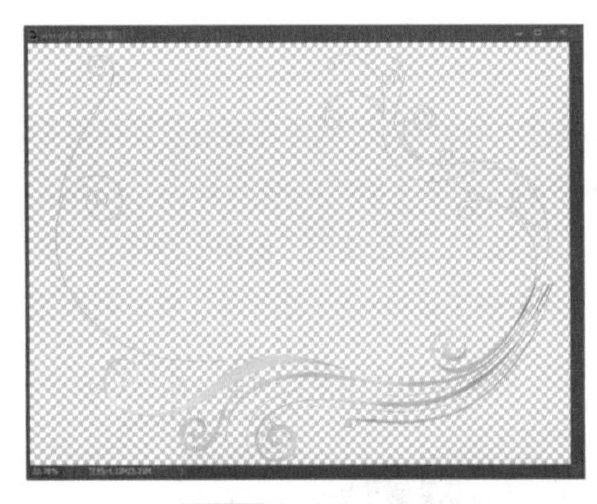

图5.47 打开vine素材

图5.48 导入vine素材

⑤ 选择菜单中的“文件 > 打开”命令在 Photoshop 2022 的工作区打开素材库中的 vine1 素材，如图 5.49 所示。选择菜单中的“图像 > 模式 >RGB 颜色”命令，将 vine1 素材的文件模式由索引模式改为 RGB 模式，然后使用工具箱中的移动工具将其拖入《倾慕风尚》文件，按快捷键“Ctrl+T”键，使用变形工具将 vine1 素材调整到适当位置，效果如图 5.50 所示。

⑥ 选择菜单中的“文件 > 打开”命令在 Photoshop 2022 的工作区打开素材库中的 vine2 素材，如图 5.51 所示。选择菜单中的“图像 > 模式 >RGB 颜色”命令，将 vine2 素材的文件模式由索引模式改为 RGB 模式，然后使用工具箱中的移动工具将其拖入《倾慕风尚》文件，按快捷键“Ctrl+T”键，使用变形工具将 vine2 素材调整到适当位置，效果如图 5.52 所示。

图5.49 打开vine1素材

图5.50 导入vine1素材

图5.51 打开vine2素材

图5.52 导入vine2素材

⑦ 选择菜单中的“文件 > 打开”命令在 Photoshop 2022 的工作区打开素材库中的 leaf 素材，如图 5.53 所示。选择菜单中的“图像 > 模式 >RGB 颜色”命令，将 leaf 素材的文件模式由索引模式改为 RGB 模式，然后使用工具箱中的移动工具将其拖入《倾慕风尚》文件，按快捷键“Ctrl+T”键，使用变形工具将 leaf 素材调整到适当位置，效果如图 5.54 所示。

图5.53 打开leaf素材

图5.54 导入leaf素材

⑧ 选择菜单中的“文件 > 打开”命令在 Photoshop 2022 的工作区打开素材库中的 leaf 1 素材，如图 5.55 所示。选择菜单中的“图像 > 模式 >RGB 颜色”命令，将 leaf 1 素材的文件模式由索引模式改为 RGB 模式，然后使用工具箱中的移动工具将其拖入《倾慕风尚》文件，按快捷键“Ctrl+T”键，使用变形工具将 leaf 1 素材调整到适当位置，效果如图 5.56 所示。

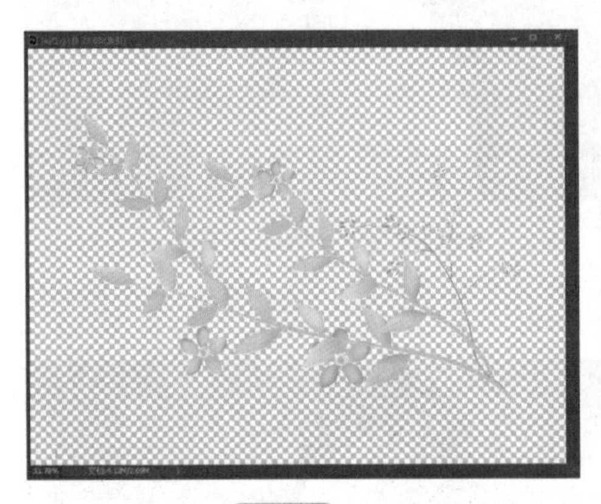

图5.55 打开leaf 1素材

图5.56 导入leaf 1素材

⑨ 选择菜单中的“文件 > 打开”命令，在 Photoshop 2022 的工作区打开素材库中的 leaf 2 素材，如图 5.57 所示。选择菜单中的“图像 > 模式 >RGB 颜色”命令，将 leaf 2 素材的文件模式由索引模式改为 RGB 模式，然后使用工具箱中的移动工具将其拖入《倾慕风尚》文件，按快捷键“Ctrl+T”键，使用变形工具将 leaf 2 素材调整到适当位置，效果如图 5.58 所示。

图5.57 打开leaf 2素材

图5.58 导入leaf 2素材

⑩ 选择菜单中的“文件 > 打开”命令在 Photoshop 2022 的工作区打开素材库中的 flower1 素材，如图 5.59 所示。选择菜单中的“图像 > 模式 >RGB 颜色”命令，将 flower1 素材的文件模式由索引模式改为 RGB 模式，然后使用工具箱中的移动工具将其拖入《倾慕风尚》文件，按快捷键“Ctrl+T”键，使用变形工具将 flower1 素材调整到适当位置，效果如图 5.60 所示。

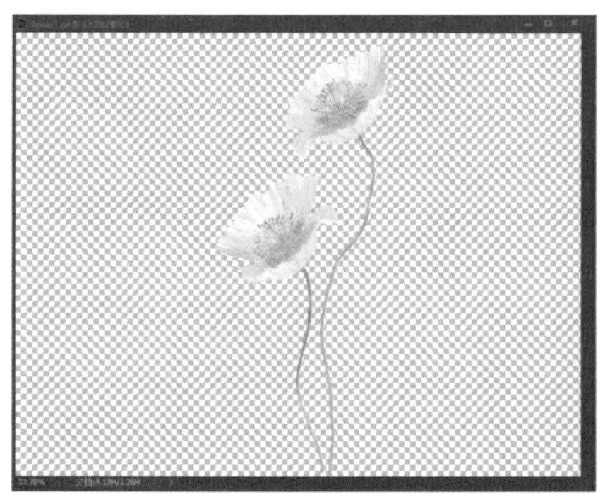

图5.59 打开flower1素材

图5.60 导入flower1素材

⑪ 选择菜单中的“文件 > 打开”命令，在 Photoshop 2022 的工作区打开素材库中的 flower2 素材，如图 5.61 所示。选择菜单中的“图像 > 模式 >RGB 颜色”命令，将 flower1 素材的文件模式由索引模式改为 RGB 模式，然后使用工具箱中的移动工具将其拖入《倾慕风尚》文件，按快捷键“Ctrl+T”键，使用变形工具将 flower2 素材调整到适当位置，效果如图 5.62 所示。

图5.61 打开flower2素材

图5.62 导入flower2素材

⑫ 选择菜单中的“文件 > 打开”命令，在 Photoshop 2022 的工作区打开素材库中的 flower3 素材，如图 5.63 所示。选择菜单中的“图像 > 模式 >RGB 颜色”命令，将 flower2 素材的文件模式由索引模式改为 RGB 模式，然后使用工具箱中的移动工具将其拖入《倾慕风尚》文件，按快捷键“Ctrl+T”键，使用变形工具将 flower3 素材调整到适当位置，效果如图 5.64 所示。

⑬ 在工具箱中选择文字工具，并键入“倾慕风尚”四个字，放于画面的右侧上方，如图 5.65 所示。完成效果如图 5.66 所示。

图5.63 打开flower3素材

图5.64 导入flower3素材

图5.65 输入文字

图5.66 文字效果

⑭ 这样，实例《倾慕风尚》就全部制作完成了。最终的效果如图 5.67 所示。

图5.67 《倾慕风尚》最终效果

技巧点拨

在这个实例制作中，素材多为已经制作好的。在导入素材时应注意各个素材之间的位置关系、大小比例以及色彩搭配，只有整体画面的布局合理，整幅画面才具有美感。

5.3.3　实例3：倾心夺慕

此实例的人物原照是一张人物写真照片，通过 Photoshop 2022 的处理我们将其制作成了倾心夺慕的效果。

① 打开 Photoshop 2022 软件，选择菜单中的“文件 > 打开”命令。在 Photoshop 2022 的工作区打开原片，如图 5.68 所示。将原片图层拖到图层面板下部的图层复制按钮上进行复制，得到原片副本图层，如图 5.69 所示。

图5.68　打开人物原片

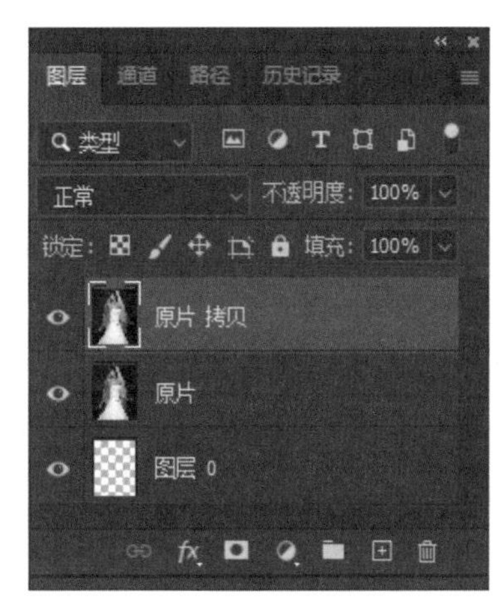

图5.69　复制图层

② 选择原片图层，点击图层面板下部的蒙版按钮，为原片图层添加图层蒙版，如图 5.70 所示。选择工具箱中的橡皮工具，在画笔属性中设置主直径为 200px，硬度为 0%，然后在蒙版上面擦除想保留下来的部分，擦除后的效果如图 5.71 所示。

③ 双击原片副本图层的图层缩略图，弹出图层样式对话框，将混合模式调整为滤色，不透明度调整为 60%，参数设置如图 5.72 所示。设置后的效果如图 5.73 所示。

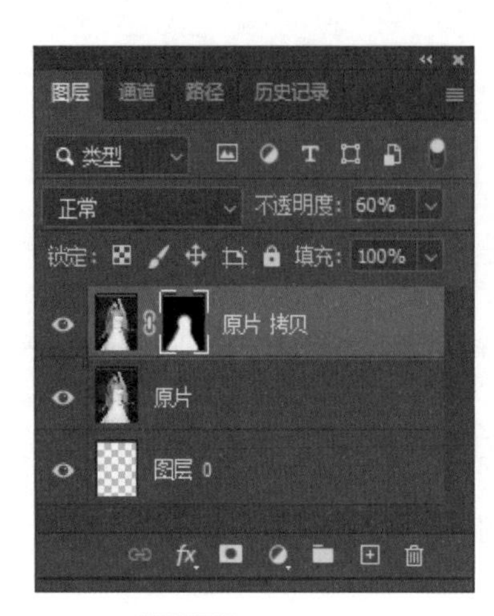

图5.70 添加蒙版

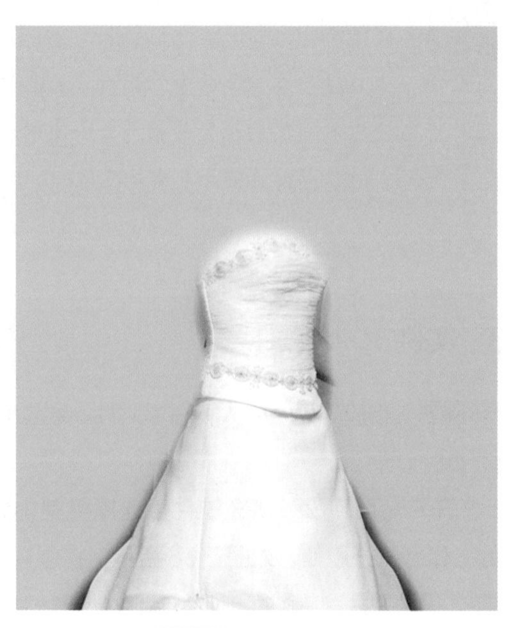
图5.71 蒙版效果

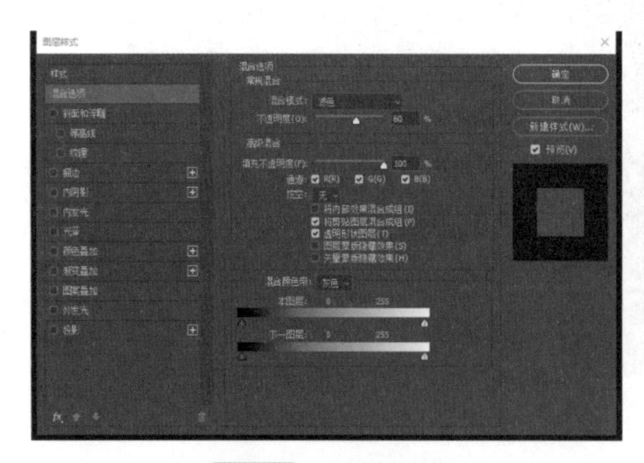
图5.72 调整图层样式

图5.73 调整效果

④ 将原片副本图层拖到图层面板下部的图层复制按钮上进行复制，得到原片副本 2 图层，如图 5.74 所示。选择原片副本 2 图层，点击图层面板下部的蒙版按钮，添加图层蒙版，如图 5.75 所示。选择工具箱中的橡皮工具，在画笔属性中设置主直径为 200px，硬度为 0%，然后在蒙版上面擦除想保留下来的部分，擦除后的效果如图 5.76 所示。

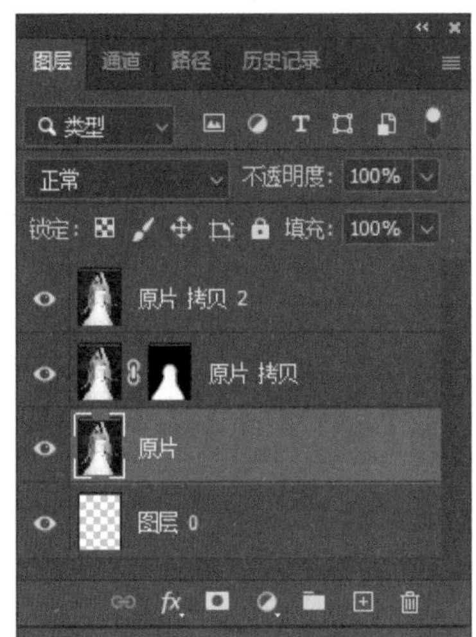

图5.74 复制图层

图5.75 添加蒙版

图5.76 蒙版效果

⑤ 双击原片副本 2 图层的图层缩略图，弹出图层样式对话框，将混合模式调整为滤色，不透明度调整为 50%，参数设置如图 5.77 所示。设置后的效果如图 5.78 所示。经过这几步的操作原片就处理好了，人物的肤色显得更加白皙，更具艺术感。

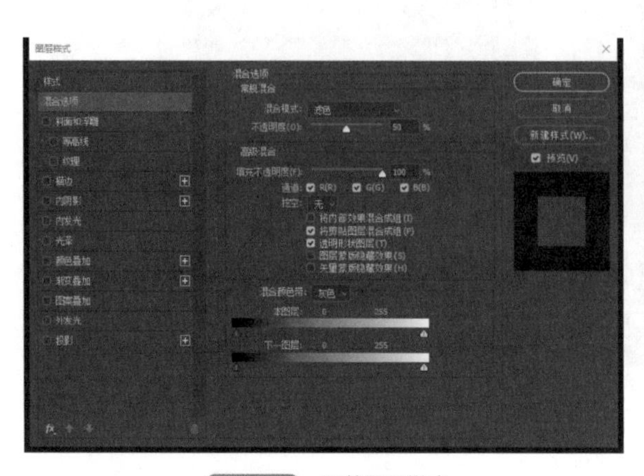

图5.77 调整图层样式

图5.78 调整效果

⑥ 选择菜单中的“文件 > 打开”命令，在 Photoshop 2022 的工作区打开素材库中的花纹 1 素材，如图 5.79 所示。将花纹 1 素材用工具箱中的移动工具拖入文件，按快捷键“Ctrl+T”键，使用变形工具将花纹 1 素材调整到适当位置，效果如图 5.80 所示。

图5.79 打开花纹1素材

图5.80 调整位置

⑦ 双击下部花纹图层的图层缩略图，弹出图层样式对话框，将混合模式调整为线性光，参数设置如图 5.81 所示。设置后的效果如图 5.82 所示。

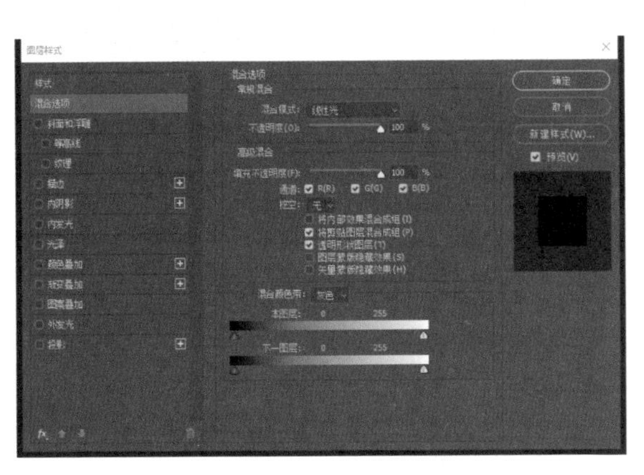

图5.81 调整图层样式

图5.82 调整效果

⑧ 选择菜单中的“文件 > 打开”命令，在 Photoshop 2022 的工作区打开素材库中的花纹 2 素材，如图 5.83 所示。将花纹 2 素材用工具箱中的移动工具拖入《倾心夺慕》文件，按快捷键“Ctrl+T”键，使用变形工具将花纹 2 素材调整到适当位置，效果如图 5.84 所示。

图5.83 打开花纹2素材

图5.84 调整位置

⑨ 选择菜单中的“文件 > 打开”命令，在 Photoshop 2022 的工作区打开素材库中的花朵素材，如图 5.85 所示。将花朵素材用工具箱中的移动工具拖入《倾心夺慕》文件，按快捷键“Ctrl+T”键，使用变形工具将花朵素材调整到适当位置，效果如图 5.86 所示。

图5.85 打开花朵素材

图5.86 调整位置

⑩ 将花朵 1 图层拖到图层面板下部的图层复制按钮上进行复制，得到花朵 1 副本图层，如图 5.87 所示。将花朵 1 副本图层中的花朵用工具箱中的移动工具拖动到合适的位置，按快捷键“Ctrl+T”键，使用变形工具将花朵 1 副本图层中的花朵进行调整，效果如图 5.88 所示。

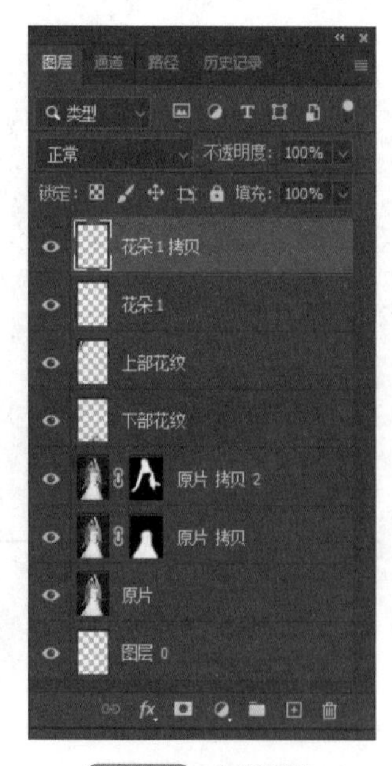

图5.87 复制图层

图5.88 调整效果

⑪ 再次复制花朵 1 副本图层，如图 5.89 所示，得到花朵 1 副本 2 图层，将花朵 1 副本 2 图层中的花朵用工具箱中的移动工具拖动到合适的位置，按快捷键“Ctrl+T”键，使用变形工具将花朵 1 副本 2 图层中的花朵进行调整。

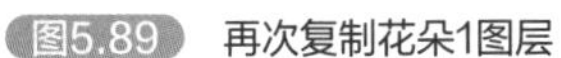

图5.89 再次复制花朵1图层

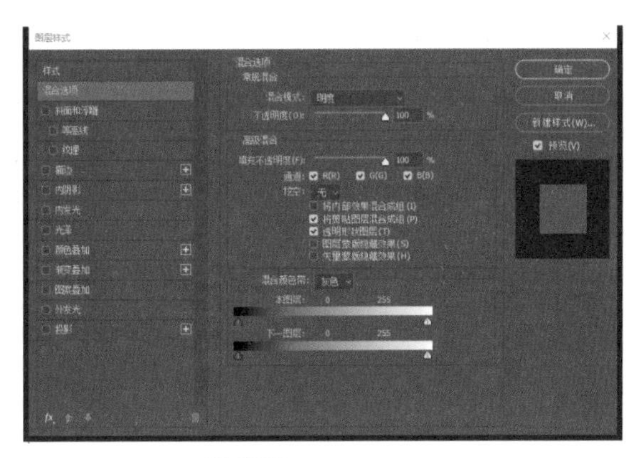

图5.90 调整图层样式

⑫ 双击花朵 1 副本 2 图层的图层缩略图，弹出图层样式对话框，将混合模式调整为明度，参数设置如图 5.90 所示。设置后的效果如图 5.91 所示。用同样的方法复制并调整多个花朵使人物的画面背景丰富起来。如图 5.92 所示。

图5.91 调整效果

图5.92 多次复制

⑬ 选择菜单中的“文件＞打开”命令在 Photoshop 2022 的工作区打开素材库中的蝴蝶素材，如图 5.93 所示。将蝴蝶素材用工具箱中的移动工具拖入《倾心夺慕》文件，按快捷键“Ctrl+T”键，使用变形工具将蝴蝶素材调整到适当位置，效果如图 5.94 所示。这样，画面的背景制作就完成了。

图5.93 打开蝴蝶素材

图5.94 调整位置

⑭ 在工具箱中选择文字工具，并键入相关文字内容，放于画面的左侧下方，完成效果如图 5.95 所示。并键入主题：“倾心夺慕”，放于画面的左侧中部，完成效果如图 5.96 所示。

图5.95 输入文字

图5.96 输入主题

⑮ 这样，倾心夺慕这一实例就制作完成了，最终效果如图 5.97 所示。

图5.97 最终效果

5.3.4 实例4：那些逝去的时光

此实例的人物原照是一张人物写真照片，通过 Photoshop 2022 的处理我们将其制作成了《那些逝去的时光》。实例的人物原片如图 5.98 所示。

图5.98 人物原片

① 选择菜单中的“文件 > 新建”命令，在 Photoshop 2022 的工作区新建一个文件，取名为《那些逝去的时光》，如图 5.99、图 5.100 所示。

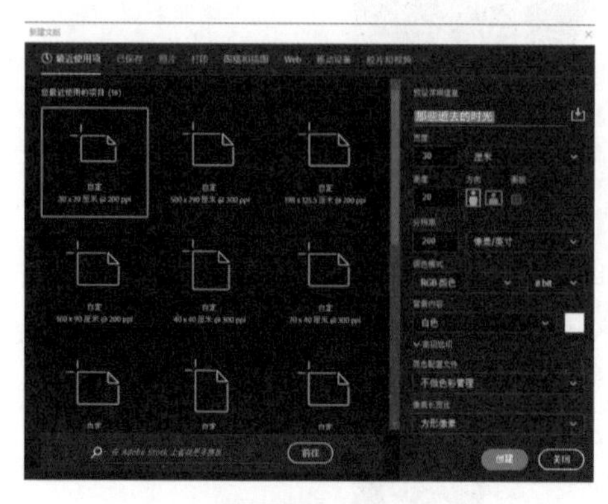
图5.99 新建

图5.100 新建文件

② 选择菜单中的“文件 > 打开”命令，在 Photoshop 2022 的工作区打开素材库中的草地素材，如图 5.101 所示。使用工具箱中的移动工具将其拖入《那些逝去的时光》文件，按快捷键“Ctrl+T”键，使用变形工具将草地素材调整到适当位置，效果如图 5.102 所示。

图5.101 打开草地素材

图5.102 导入草地素材

③ 选择菜单中的“文件 > 打开”命令，在 Photoshop 2022 的工作区打开素材库中的天空素材，如图 5.103 所示。然后使用工具箱中的移动工具将其拖入《那些逝去的时光》文件，按快捷键“Ctrl+T”键，使用变形工具将天空素材调整到适当位置，效果如图 5.104 所示。

图5.103 打开天空素材

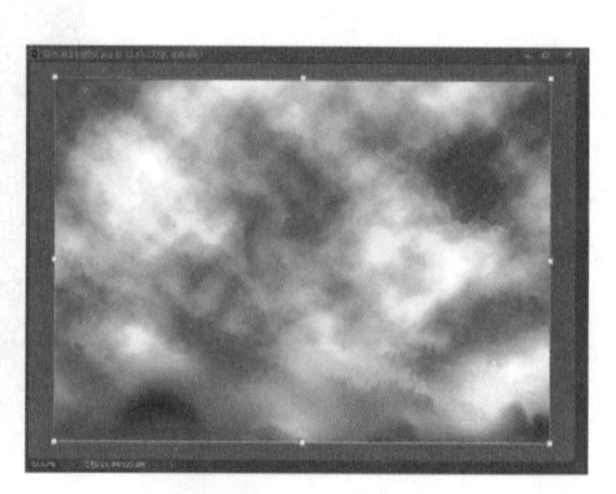
图5.104 导入天空素材

④ 选择天空图层，点击图层面板下部的蒙版按钮，为天空图层添加图层蒙版，如图 5.105 所示。选择工具箱中的橡皮工具，在画笔属性中设置主直径为 250px，硬度为 0%，然后在蒙版上面擦除想保留下来的部分，擦除后的效果如图 5.106 所示。添加蒙版的制作效果如图 5.107 所示。这样，本实例的背景部分就制作完成了。

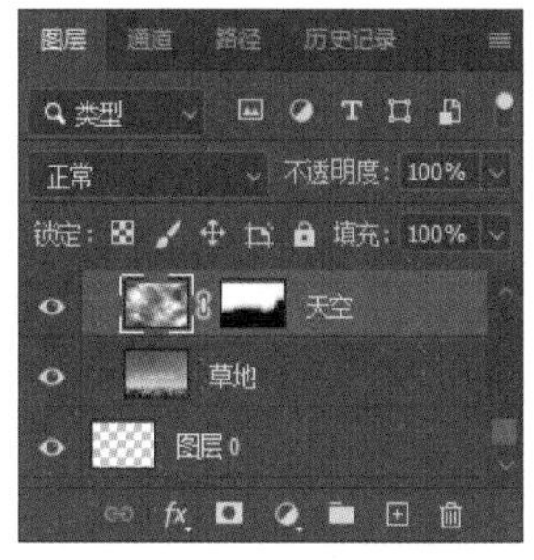

图5.105 添加蒙版

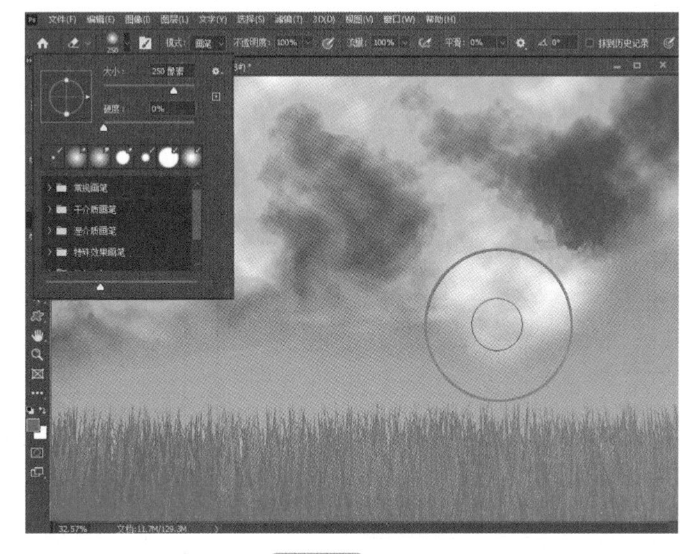

图5.106 操作蒙版

图5.107 蒙版效果

⑤ 选择菜单中的“文件 > 打开”命令在 Photoshop 2022 的工作区打开素材库中的人物原片，如图 5.108 所示。选择工具箱中的魔术棒工具，点击人物原片的背景，选中人物原片的背景，效果如图 5.109 所示。

⑥ 点击键盘上的“Delete”键，删除背景，如图 5.110 所示。使用工具箱中的移动工具将人物原片中的人物拖入《那些逝去的时光》文件，按快捷键“Ctrl+T”键，使用变形工具将人物调整到适当位置，效果如图 5.111 所示。

图5.108 打开人物原片

图5.109 选择背景

图5.110 删除背景

图5.111 导入人物

⑦ 将草地图层拖到图层面板下部的图层复制按钮上进行复制，得到草地副本图层，如图 5.112 所示。选择草地副本图层，点击图层面板下部的蒙版按钮，为草地副本图层添加图层蒙

版，如图 5.113 所示。选择工具箱中的橡皮工具，在画笔属性中设置主直径为 250px，硬度为 0%，如图 5.114 所示。然后在蒙版上面擦除想保留下来的部分，擦除后的制作效果如图 5.115 所示。

图5.112 复制图层

图5.113 添加蒙版

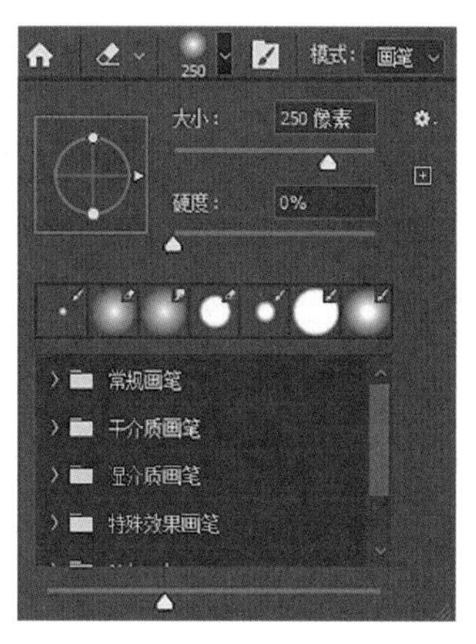

图5.114 橡皮工具

图5.115 操作蒙版

⑧ 蒙版制作的最终效果，如图 5.116 所示。选择菜单中的“文件 > 打开”命令，在 Photoshop 2022 的工作区打开素材库中的红飘带 1 素材，如图 5.117 所示。

⑨ 选择工具箱中的移动工具将红飘带 1 素材拖入《那些逝去的时光》文件，按快捷键“Ctrl+T”键，使用变形工具将人物调整到适当位置，效果如图 5.118 所示。为红飘带 1 图层添加蒙版，然后在蒙版上面擦除想保留下来的部分，效果如图 5.119 所示。

图5.116 蒙版效果

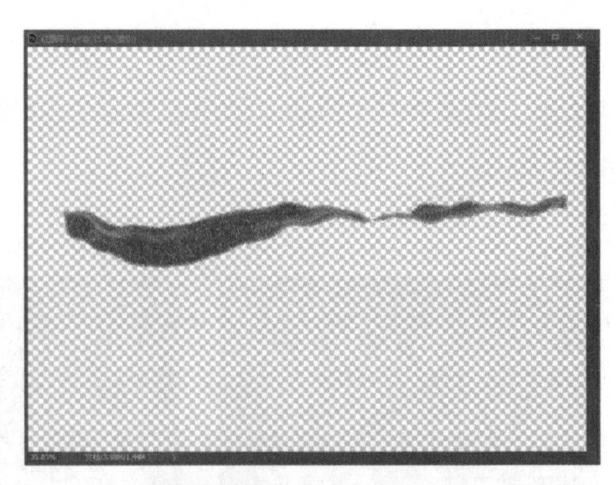

图5.117 打开红飘带1素材

图5.118 导入红飘带1素材

图5.119 蒙版效果

⑩ 擦除想保留下来的部分后，蒙版制作的最终效果如图 5.120 所示。选择菜单中的“文件 > 打开”命令，在 Photoshop 2022 的工作区打开素材库中的红飘带 2 素材，如图 5.121 所示。

图5.120 最终效果

图5.121 打开红飘带2素材

⑪ 使用工具箱中的移动工具将红飘带 2 素材拖入《那些逝去的时光》文件，按快捷键“Ctrl+T”键，使用变形工具将红飘带 2 素材调整到适当位置，效果如图 5.122 所示。这样，人物的制作部分就完成了。

图5.122 导入红飘带2素材

⑫ 新建一个图层，按快捷键“Ctrl+Alt+Shift+E”盖印图层，然后选择菜单中的“图像 > 调整 > 色阶”命令，调整参数如图 5.123 所示。盖印图层的调整效果如图 5.124 所示。

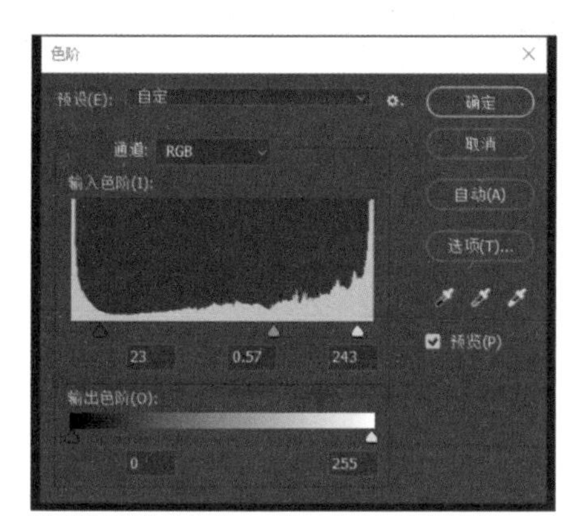

图5.123 调整色阶

图5.124 盖印效果

⑬ 新建一个图层，并单击图层面板下部的蒙版按钮为该图层添加蒙版，然后选择菜单中的“图像 > 调整 > 通道混和器”命令，打开通道混和器对话框，调整参数如图 5.125 所示。图层调整的最终效果如图 5.126 所示。

⑭ 选择菜单中的“文件 > 打开”命令在 Photoshop 2022 的工作区打开素材库中的花纹 3 素材，如图 5.127 所示。然后使用工具箱中的移动工具将花纹 3 素材拖入《那些逝去的时光》文件，按快捷键“Ctrl+T”键，使用变形工具将花纹 3 素材调整适当位置，效果如图 5.128 所示。

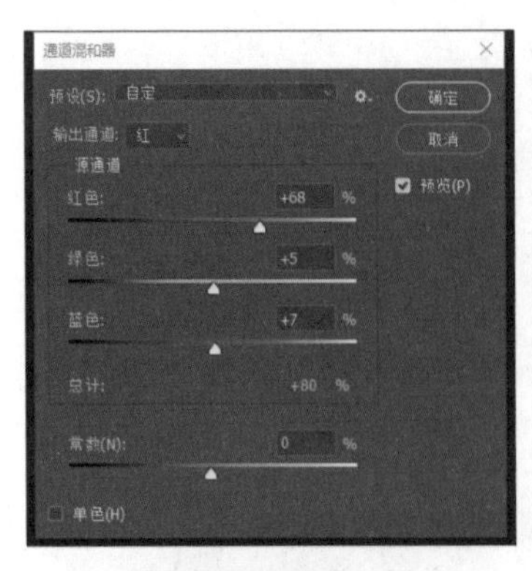

图5.125 输入文字

图5.126 图层调整效果

图5.127 打开花纹3素材

图5.128 导入花纹3素材

⑮ 选择花纹素材 1 图层，点击图层面板下部的蒙版按钮，为花纹素材 1 图层添加图层蒙版，如图 5.129 所示。选择工具箱中的橡皮工具，在画笔属性中设置主直径为 250px，硬度为 0%，然后在蒙版上面擦除想保留下来的部分，擦除后的制作效果如图 5.130 所示。蒙版制作的最终效果如图 5.131 所示。

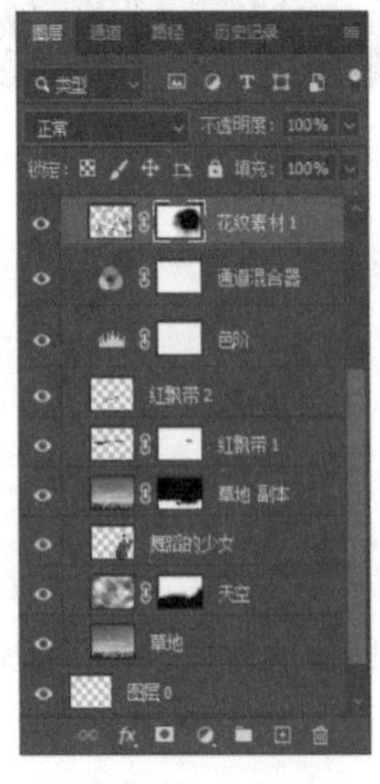

图5.129 添加蒙版

图5.130 操作蒙版

图5.131 蒙版效果

⑯ 双击花纹素材 1 图层的图层缩略图，弹出图层样式对话框，将混合模式调整为明度，参数设置如图 5.132 所示。设置后的效果如图 5.133 所示。

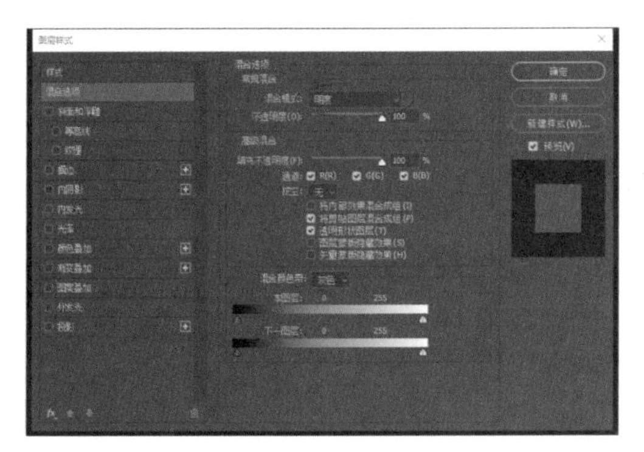

图5.132 调整图层样式

图5.133 调整效果

⑰ 选择菜单中的“文件 > 打开”命令在 Photoshop 2022 的工作区打开素材库中的花纹 4 素材，如图 5.134 所示。然后使用工具箱中的移动工具将花纹 4 素材拖入《那些逝去的时光》文件，按快捷键“Ctrl+T”键，使用变形工具将花纹 4 素材调整到适当位置，效果如图 5.135 所示。

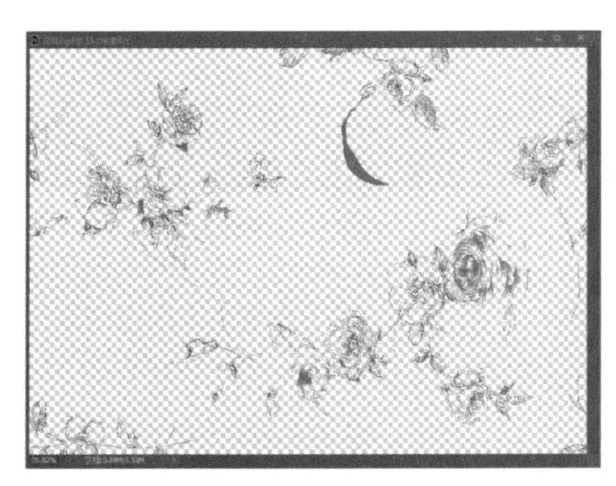

图5.134 打开花纹4素材

图5.135 导入花纹4素材

⑱ 选择花纹素材 2 图层，点击图层面板下部的蒙版按钮，为花纹素材 2 图层添加图层蒙版，如图 5.136 所示。选择工具箱中的橡皮工具，在画笔属性中设置主直径为 250px，硬度为 0%，然后在蒙版上面擦除想保留下来的部分，擦除后的制作效果如图 5.137 所示。

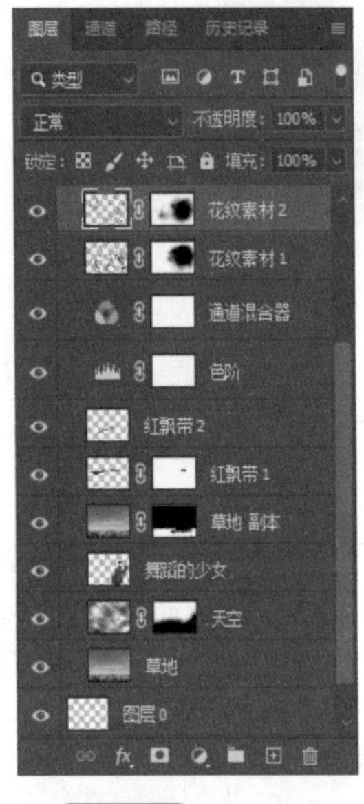

图5.136 添加蒙版

图5.137 操作蒙版

⑲ 双击花纹素材 2 图层的图层缩略图，弹出图层样式对话框，将混合模式调整为明度，参数设置如图 5.138 所示。设置后的效果如图 5.139 所示。

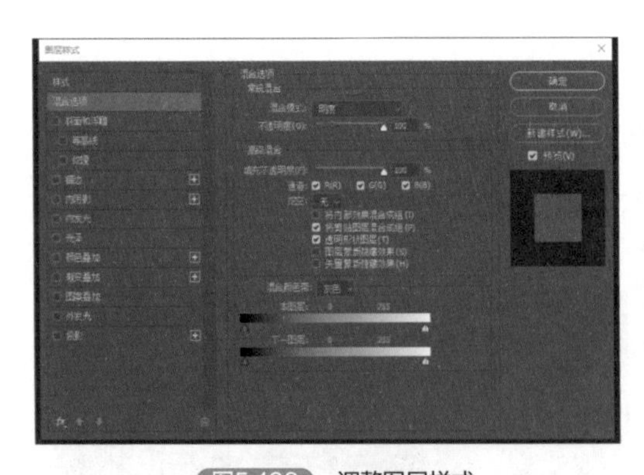

图5.138 调整图层样式

图5.139 调整效果

⑳ 在工具箱中选择文字工具，并键入“MK 制作”四个字，放于画面的右侧下方，完成效果如图 5.140 所示。双击文字 1 图层的图层缩略图，弹出图层样式对话框，将混合模式中的不透明度调整为 50%，参数设置如图 5.141 所示。设置后的效果如图 5.142 所示。

图5.140 输入文字

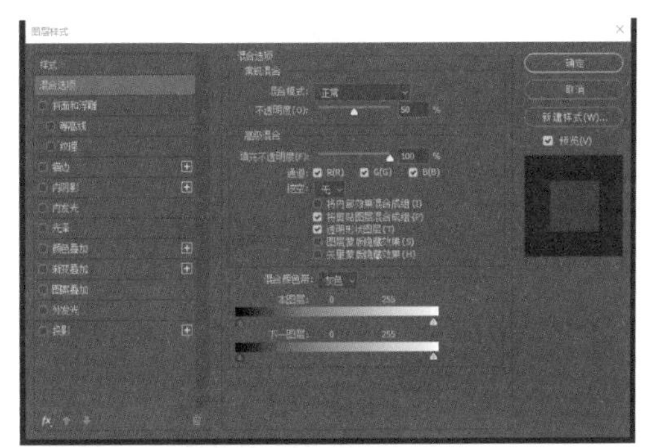

图5.141 调整图层样式

图5.142 调整效果

㉑ 在工具箱中选择文字工具，并键入“那些逝去的时光”，放于画面的左侧，完成效果如图 5.143 所示。双击文字 2 图层的图层缩略图，弹出图层样式对话框，将混合模式中的不透明度调整为 70%，参数设置如图 5.144 所示。设置后的效果如图 5.145 所示。

图5.143 输入主题

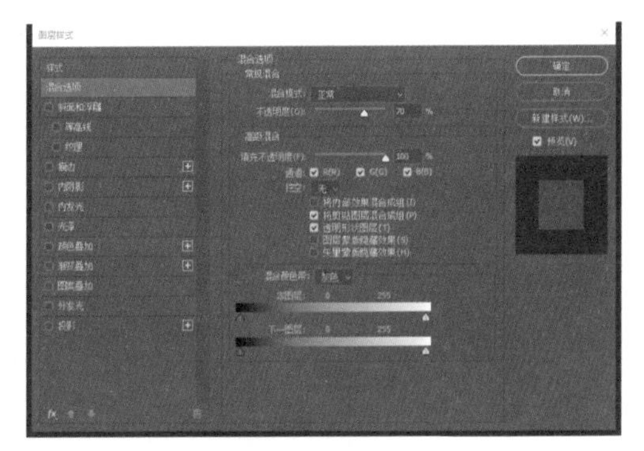

图5.144 调整图层样式

图5.145 调整效果

㉒ 在工具箱中选择文字工具，并键入“倾心夺慕的唯美主义写真”，放于画面的右侧上方，完成效果如图 5.146 所示。双击文字 3 图层的图层缩略图，弹出图层样式对话框，将混合模式中的不透明度调整为 25%，参数设置如图 5.147 所示。设置后的效果如图 5.148 所示。

图5.146 输入文字

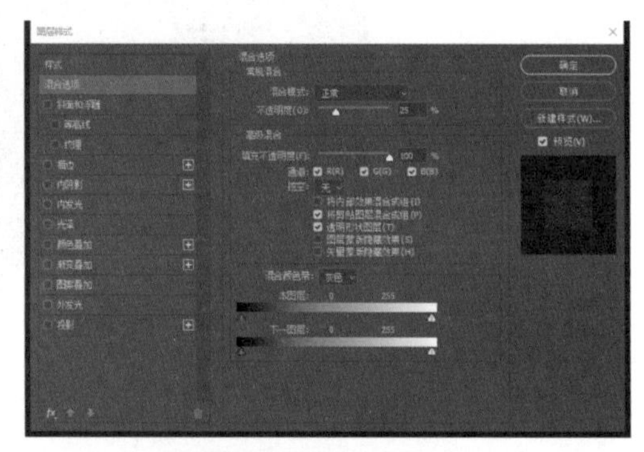

图5.147 调整图层样式

图5.148 调整效果

㉓《那些逝去的时光》全部制作完成了。最终的效果如图 5.149 所示。

图5.149 《那些逝去的时光》最终效果

技巧点拨

在这个实例制作中，素材多为已经制作好的。其中花纹素材的调节变化比较大，飘带素材的制作是有很大难度的，作为一个初学者，这类制作是比较麻烦的，可以在网上或素材库中找到合适的素材进行应用。

5.4 技法延伸

通过本章案例我们学习了如何进行倾心夺慕——唯美风格的藤蔓、蕾丝效果的制作，以及如何将个人写真照片处理成具有唯美风格的作品的方法；如何进行花朵与枝叶的组合；如何利用星点来烘托气氛；如何塑造倾慕风格的边角；如何制作影调和谐的花色背景；如何进行画面的整体调色等，这些技法和效果可以使你的写真照片变得更加唯美，这些制作技法还可以广泛用于制作个人的明星相册，送与朋友作为留念等。见图 5.150。

图5.150 唯美风格示例

5.5 小结

本章我们学习了倾心夺慕——唯美特效风格的制作方法，还学习了花饰、人物及文字的组合布局等知识，目的是使大家对于倾心夺慕——唯美风格有一定的了解，进而学会制作，通过学习希望大家能制作出自己独特风格的柔美写真。

随着炫人耳目的“倾心夺慕设计风格”的来临，为了赢得更多的观众，当代许多设计师不惜降低设计作品的艺术审美性，把唯美特效风格作为商品设计的首要任务，而非过分追求商业利润、视觉冲击和明星效应。然而，倾心唯美设计风格却具有完全不同于当代商业的性质，其设计作品中个性化的艺术追求，含蓄唯美的意境营造，主流价值观的体现，使得设计师的作品能真正地成为供人审美的艺术品，而非提供娱乐的消费品。

06

第 6 章

古色古香的中国风特效制作方法

【本章导读】

本章主要讲解的是现今非常流行的古色古香的中国风效果，以及如何将个人写真照片处理成具有古色古香的中国风效果的作品，我们将结合实例来具体讲解。

本章主要介绍以下内容。

- 如何制作中国风背景
- 如何修整中国风人物
- 如何塑造中国风色彩
- 如何制作中国风配饰元素
- 如何制作倒影

6.1 效果预览

图6.1 中国风效果范例（一）

从中国风风格艺术性来看，中国风风格具有很强烈的中国式的美感，古色古香的中国风为我们塑造了更具中国特色的时尚美感。对于女孩子来讲，塑造自己的中国风风格的个人写真相册，将是更具意义的选择，也充满了民族自豪感。期待你通过本章的学习制作出古色古香的中国风写真照片。

6.2 技法要点

图6.2 中国风效果范例（二）

观察以上色古香的中国风作品（图 6.1 和图 6.2），画面的色调大多为优雅清新的中式色彩；图片色彩大气；黑白效果很少；图片中配以大量的中式家具、几案、书法、象征物等；图片中主题突出；一般主题文字都是中国书法的形式加以表现的；人物多穿着中式的传统服装，装束是为了烘托画面的中国风气氛；有时，在画面中还会出现其他中国风格的配饰，如笛子、古筝、琵琶、古宅等，同时又保持与画面的整体风格相统一，具有传统与现代完美结合的特征。

古色古香的中国风作品值得借鉴的优点：①中式风格非常明显，有很强的传统与现代完美结合的特征；②电脑操作的处理手法多样，多为人物的处理，添加中国式的背景进行合成，往往能够制造出良好的中国风的效果；③非常重视画面中清新、优雅、恬淡的中国风氛围的塑造，是中国人非常喜欢的写真风格之一；④画面的中式元素很多，多种中式的装饰元素并存，平面的布局中多采用居中对称式的构成手法，具有很强烈的画面稳定感；⑤中国民族风情是其最具特色的所在，无疑，中国特色的文化、服饰、建筑等都是中国人的骄傲，同时，也备受国人喜欢；⑥主题的字体多是中国的书法，书法是中国的国粹，是五千年文化的代表之一，常常在画面中配以大量的诗词歌赋等相关内容，以达到图与文相互配合布局的目的，同时也塑造更加强烈的中国风的画面效果。

古色古香的中国风作品需要注意：①套路化的倾向很重，现今，由于这种风格的流行，许多人开始制作这类风格的图片，但原创性的较少，创新的中国风的作品才是人们喜欢的；②画面中的配饰也很局限，多为服饰、家具、乐器、古宅一类，应更大范围地挖掘中国风的配饰元素；③在作品中多配以主题文字，但文字多为书法字体，中国的古代的文字形式也是很多的，应改变书法的单一性，创造出风格多变的字体形式。

6.3 实例解析

6.3.1 实例1：水墨舞者

此实例的人物原照是一张舞者人物照片，通过 Photoshop 2022 的处理，我们将其制作成了古色古香的中国风水墨风格效果的作品。实例的人物原片如图 6.3 所示。

图6.3 人物原片

① 选择菜单中的“文件 > 新建”命令，在 Photoshop 2022 的工作区新建一个文件，取名为《水墨舞者》，如图 6.4、图 6.5 所示。

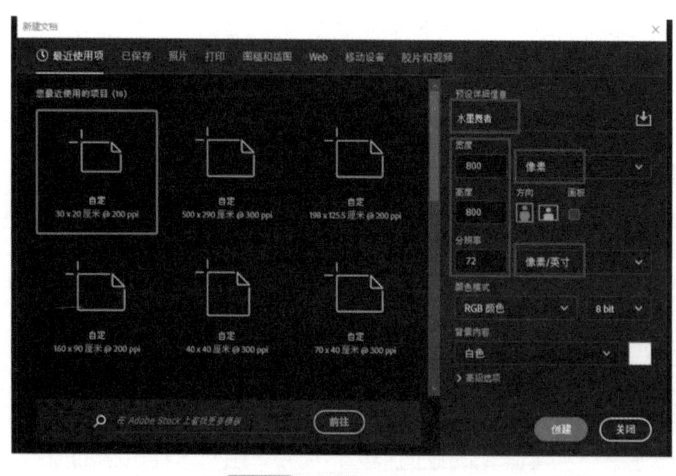

图6.4 新建

图6.5 新建文件

② 选择菜单中的“文件 > 打开”命令，在 Photoshop2022 的工作区打开素材库中的水墨画素材，如图 6.6 所示。然后使用工具箱中的移动工具将水墨画拖入《水墨舞者》文件，按快捷键“Ctrl+T”键，使用变形工具将水墨画素材调整到适当位置，效果如图 6.7 所示。

图6.6 打开水墨画素材

图6.7 导入水墨画素材

③ 选择水墨画图层，为此图层添加图层蒙版，如图 6.8 所示。设置从黑色到白色渐变，如图 6.9 所示。然后给水墨画图层蒙版做从上往下的渐变，如图 6.10 所示。

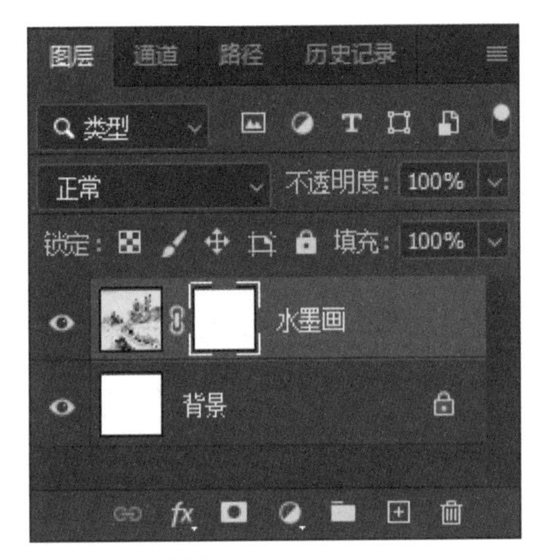

图6.8 添加图层蒙版

图6.9 设置渐变

图6.10 制作渐变及效果

④ 制作水波，选择菜单中的“文件 > 新建”命令，在 Photoshop 2022 的工作区新建一个文件，取名为《水波》，如图 6.11、图 6.12 所示。

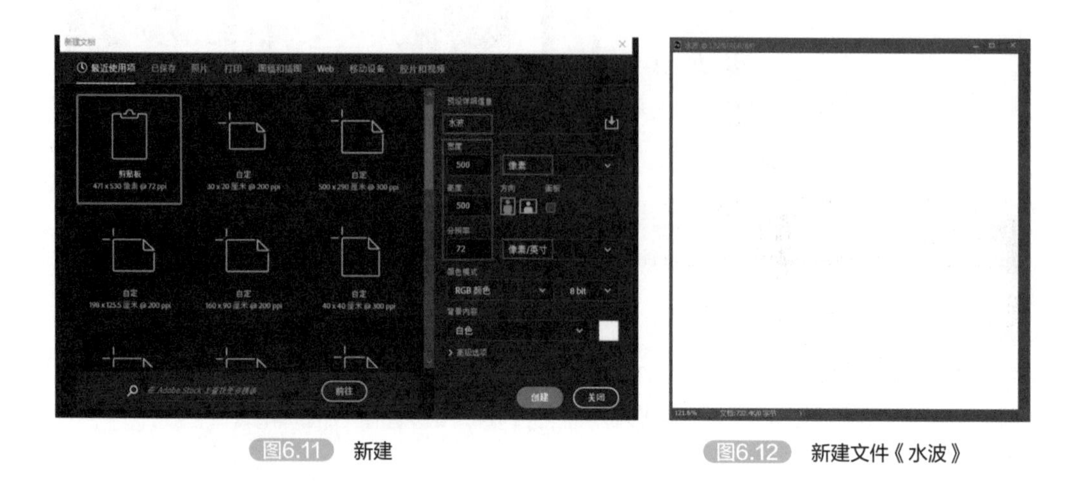

图6.11 新建　　图6.12 新建文件《水波》

⑤ 把前景色和背景色设置为黑白。选择菜单中的“滤镜 > 渲染 > 云彩”，如图 6.13 所示。

图6.13 云彩效果

⑥ 再选择菜单中的“滤镜 > 扭曲 > 水波”，如图 6.14 所示。

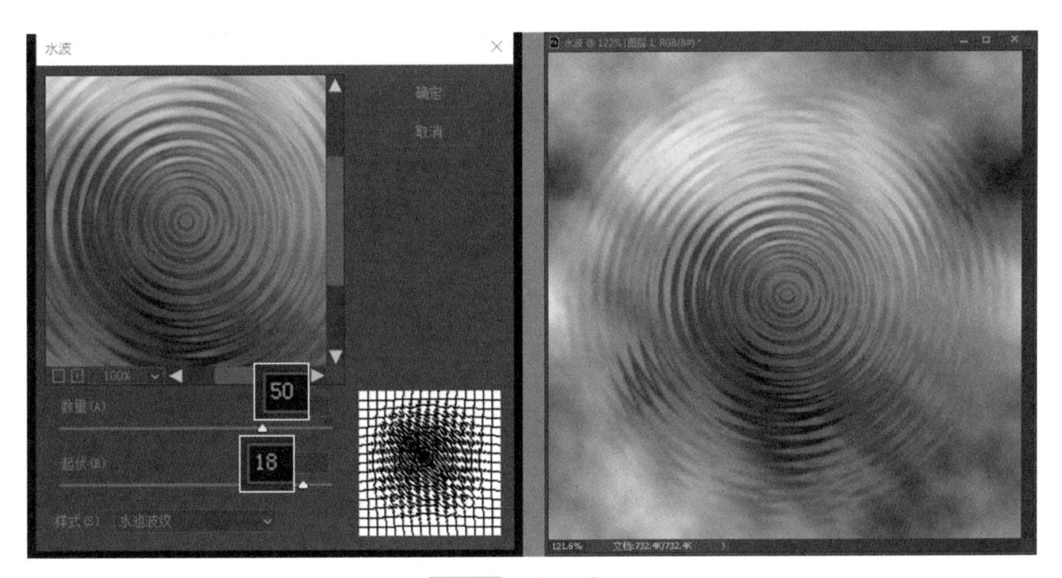

图6.14 《水波》效果

⑦ 将《水波》文件使用工具箱中的移动工具拖入《水墨舞者》文件，按快捷键“Ctrl+T”键，使用变形工具将《水波》文件调整适当位置，效果如图 6.15 所示。

图6.15 拖入《水墨舞者》文件

⑧ 将《水波》的图层模式改为“强光”，如图 6.16 所示；并添加图层蒙版，将多余部分擦去，如图 6.17 所示。制作效果如图 6.18 所示。

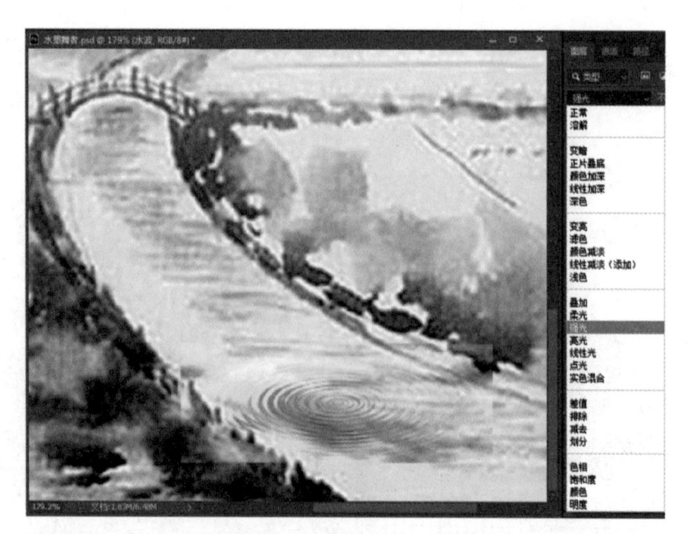

图6.16 图层模式改为“强光”

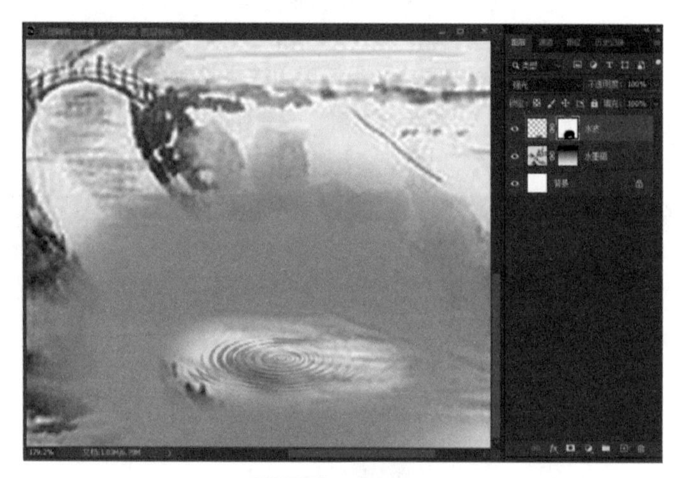

图6.17 蒙版效果

图6.18 制作效果

⑨ 选择菜单中的“文件 > 打开”命令，在 Photoshop 2022 的工作区打开素材库中的人物原片，如图 6.19 所示。选择工具箱中的魔术棒工具，点击人物原片的背景，选中人物原片的背景，效果如图 6.20 所示。

图6.19　打开人物原片

图6.20　选择背景

⑩ 点击键盘上的“Delete”键，删除背景，如图 6.21 所示。使用工具箱中的移动工具将人物原片中的人物拖入《水墨舞者》文件，按快捷键“Ctrl+T”键，使用变形工具将人物调整到适当位置，效果如图 6.22 所示。

图6.21　删除背景

图6.22　导入人物

⑪ 将人物图层复制，得到人物拷贝图层，选择菜单中的“编辑 > 变换 > 垂直翻转”将人物拷贝图层进行翻转，效果如图 6.23 所示。

图6.23 翻转人物

⑫ 制作人物倒影效果。使用工具箱中的移动工具将人物拷贝图层中的人物调整到适当位置，效果如图 6.24 所示；再将人物拷贝图层的“不透明度”调到 50%，得到人物倒影，效果如图 6.25 所示。

图6.24 调整人物位置

图6.25 人物倒影效果

⑬ 选择菜单中的“文件 > 打开”命令在 Photoshop 2022 的工作区打开素材库中的莲花素材，如图 6.26 所示。然后使用工具箱中的移动工具将莲花素材拖入《水墨舞者》文件，按快捷键“Ctrl+T”键，使用变形工具将莲花素材调整到适当位置，效果如图 6.27 所示。

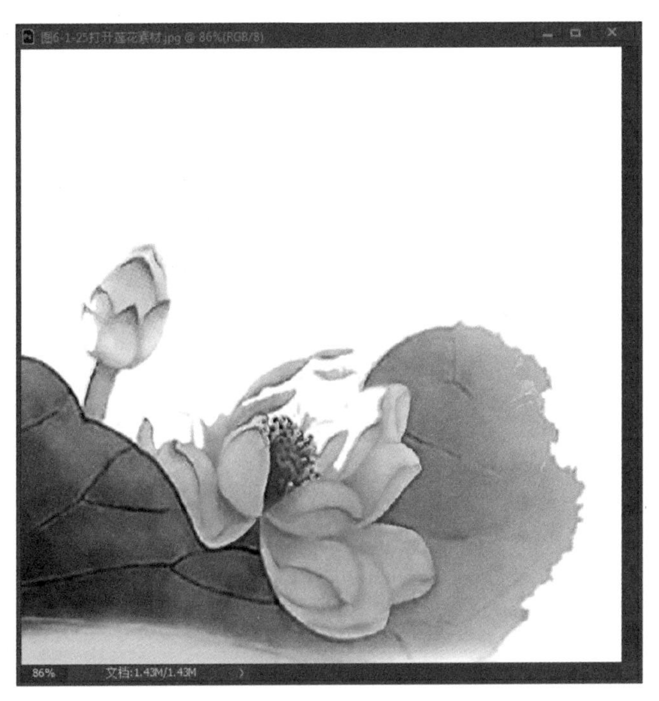

图6.26 打开莲花素材

图6.27 导入莲花

⑭ 将莲花的图层模式改为“变暗”，效果如图 6.28 所示。

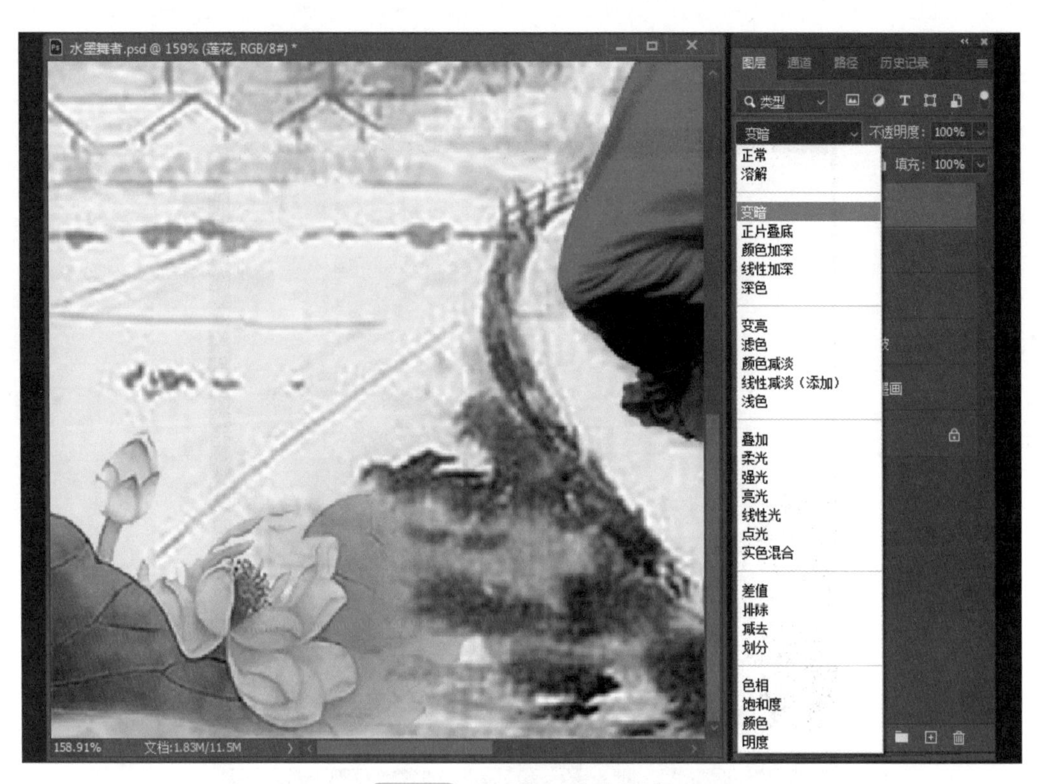

图6.28 图层模式改为“变暗”

⑮ 选择菜单中的“文件 > 打开”命令，在 Photoshop 2022 的工作区打开素材库中的鱼素材，如图 6.29 所示。然后使用工具箱中的移动工具将鱼素材拖入《水墨舞者》文件，按快捷键“Ctrl+T”键，使用变形工具将鱼素材调整到适当位置，效果如图 6.30 所示。

图6.29 打开鱼素材

图6.30 导入鱼素材并调整位置

⑯ 将鱼的图层模式改为“正片叠底”，效果如图 6.31 所示。

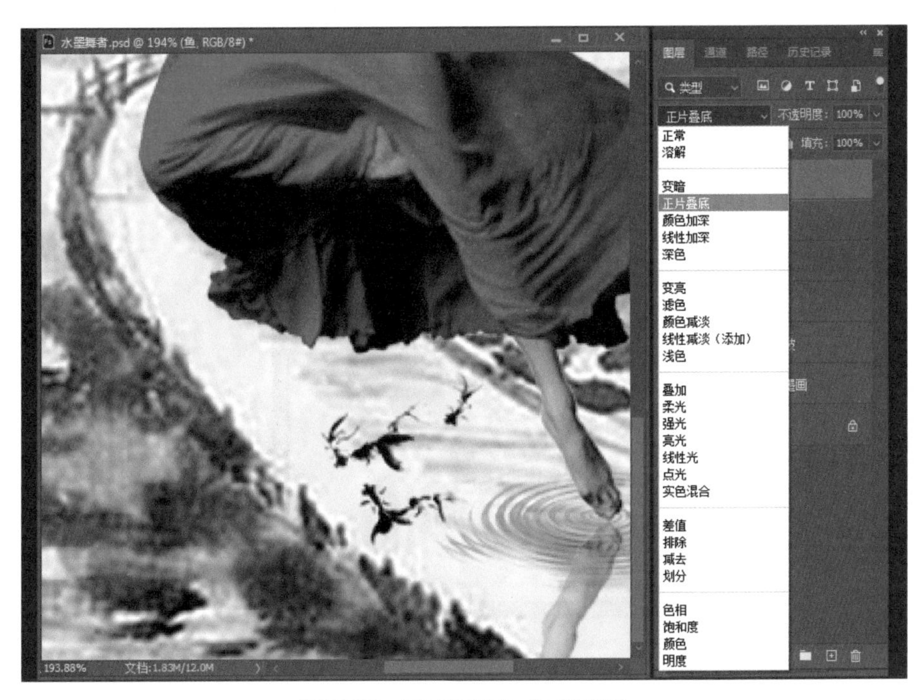

图6.31 图层模式改为“正片叠底”

⑰ 将鱼的图层的“不透明度”调到 60%，效果如图 6.32 所示。

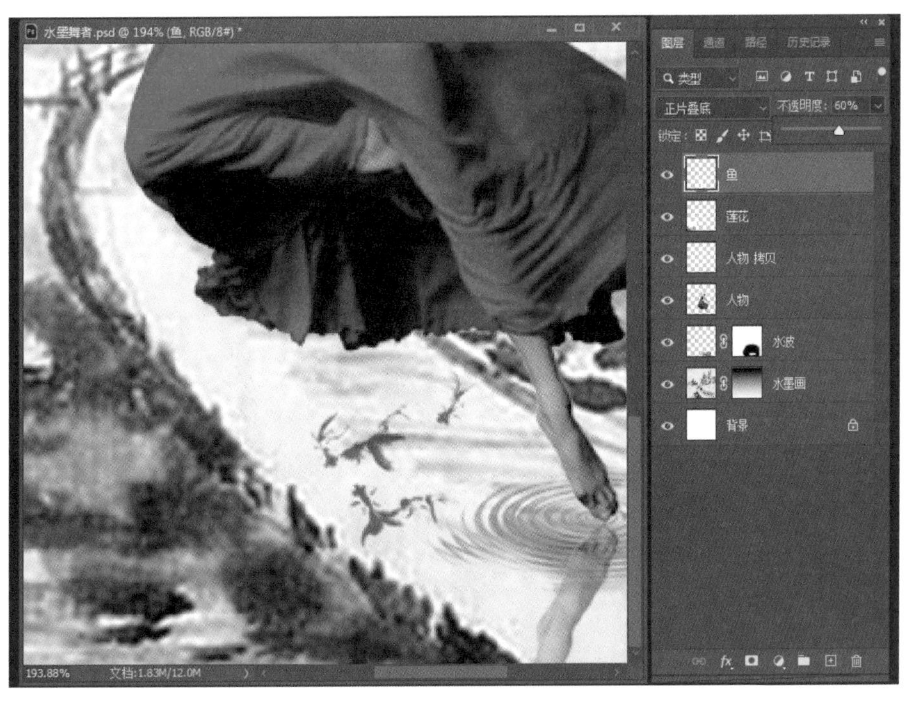

图6.32 调整图层不透明度

⑱ 选择菜单中的“文件 > 打开”命令在 Photoshop 2022 的工作区打开素材库中的丝带素材，如图 6.33 所示。

图6.33 打开丝带

⑲ 将红色的丝带抠出来，在通道里选中蓝色通道，按“Ctrl”键且用鼠标左键点击蓝色通道得到选区，回到 RGB 通道，再点击背景图层。要保持得到选区不变，再按快捷键“Ctrl+shift+I”键反选，然后按快捷键“Ctrl+J”键复制，得到抠出丝带，如图 6.34 所示。

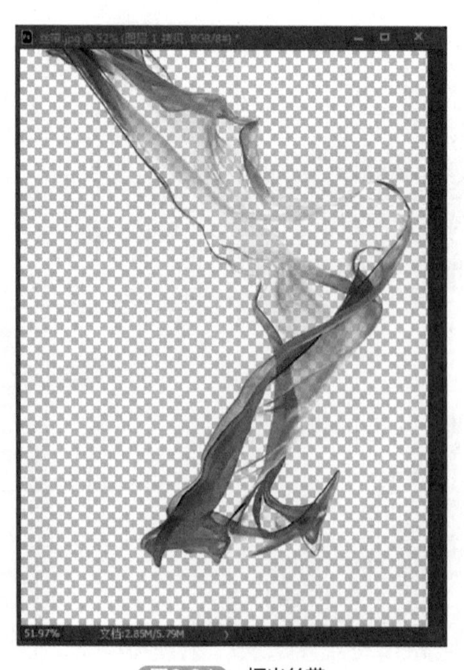

图6.34 抠出丝带

㉐ 选择菜单中的“图像 > 调整 > 色相 / 饱和度”命令，将红色丝带调整为黑色无彩色，如图 6.35 所示。

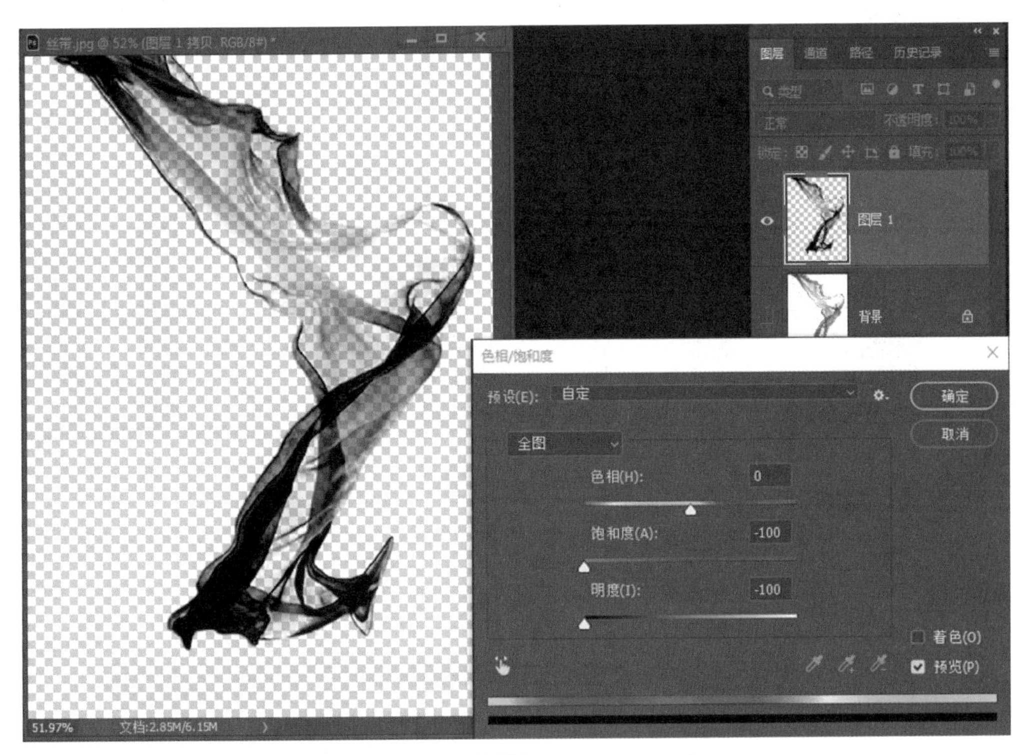

图6.35 去色

㉑ 使用工具箱中的移动工具将丝带素材拖入《水墨舞者》文件，按快捷键“Ctrl+T”键，使用变形工具将丝带素材调整到适当位置，效果如图 6.36 所示。

图6.36 导入丝带

㉒ 给丝带图层添加图层蒙版，把丝带遮住人物的地方去除掉，效果如图 6.37 所示。

图6.37 蒙版效果

㉓ 将丝带图层复制两层，得到三层丝带图层，然后由上到下分别命名为“丝带顶层”“丝带中层”和“丝带底层”，效果如图 6.38 所示。

图6.38 复制丝带图层

㉔ 将丝带顶层图层按快捷键“Ctrl+I”键反向，然后将图层模式改为“叠加”，效果如图 6.39 所示。

图6.39 丝带顶层效果

㉕ 将丝带底层图层通过选择菜单中的“滤镜 > 模糊 > 高斯模糊”命令，进此图层进行模糊处理，效果如图 6.40 所示。

图6.40 丝带底层效果

⑳ 在工具箱中选择文字工具，并键入“水墨舞者”四个字，放于画面的左侧，如图 6.41 和图 6.42 所示。完成效果如图 6.43 所示。

图6.41 输入文字

图6.42 文字效果

图6.43 《水墨舞者》最终效果

技巧点拨

在这个《水墨舞者》的实例制作中，素材多为中国风格的素材。其中荷花、金鱼、丝带等素材的氛围渲染的作用很大，加之人物为中国舞者的写真照片，因此，这个实例的主题非常鲜明。中国风格的素材可以在网上或素材库中找到，只要合理地进行应用就可以了。

6.3.2 实例2：花月少年

此实例的人物原照是一张人物写真照片，通过 Photoshop 2022 的处理，我们将其制作成了《花月少年》效果。实例的人物原片如图 6.44 所示。

图6.44 人物原片

① 选择菜单中的“文件 > 新建”命令，在 Photoshop 2022 的工作区新建一个文件，取名为《花月少年》，如图 6.45、图 6.46 所示。

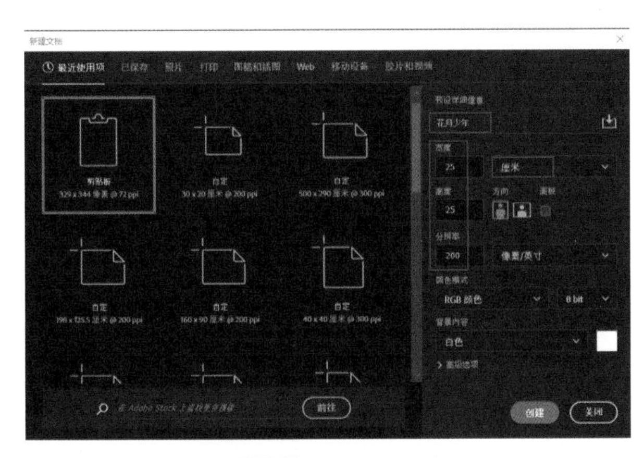

图6.45 新建

图6.46 新建文件

② 选择菜单中的“文件 > 打开”命令，在 Photoshop 2022 的工作区打开天色素材，如图 6.47 所示。然后使用工具箱中的移动工具将天色素材拖入《花月少年》文件，按快捷键“Ctrl+T”键，使用变形工具将天色素材调整到适当位置，效果如图 6.48 所示。

图6.47 打开天色素材

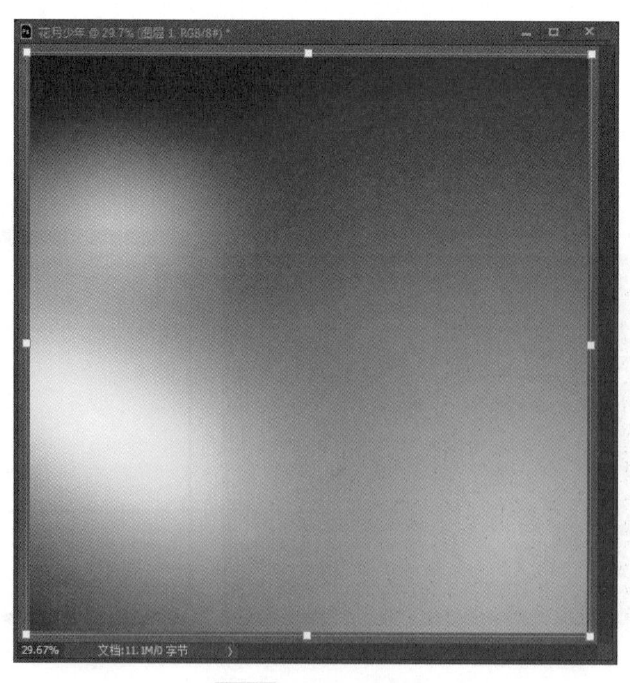

图6.48 导入天色素材

③ 选择菜单中的“文件 > 打开”命令，在 Photoshop 2022 的工作区打开人物原片，如图 6.44 所示。然后使用工具箱中的移动工具将人物原片拖入《花月少年》文件，按快捷键“Ctrl+T”键，使用变形工具将人物原片调整到适当位置，效果如图 6.49 所示。

图6.49 导入人物原片

④ 选择人物原片图层，点击图层面板下部的蒙版按钮，为人物原片图层添加图层蒙版，如图 6.50 所示。选择工具箱中的橡皮工具，在画笔属性中设置主直径为 150px，硬度为 0%，然后在蒙版上面擦除想保留的部分，擦除后的制作效果如图 6.51 所示。蒙版制作的最终效果如图 6.52 所示。

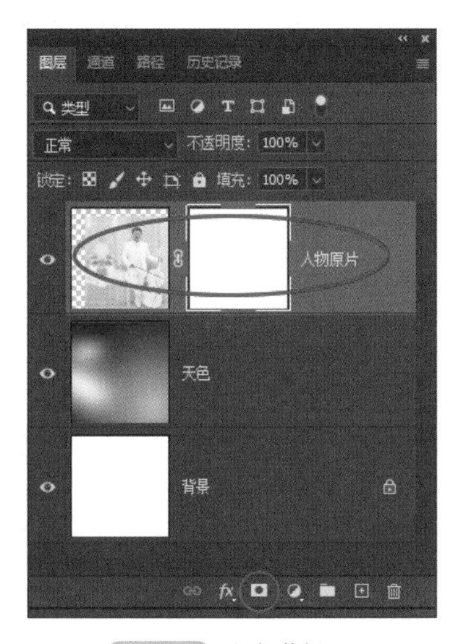

图6.50 添加蒙版

图6.51 操作蒙版

图6.52 蒙版效果

⑤ 选择菜单中的“文件 > 打开”命令，在 Photoshop 2022 的工作区打开牡丹花素材，如图 6.53 所示。然后使用工具箱中的移动工具将牡丹花素材拖入《花月少年》文件，按快捷键“Ctrl+T”键，使用变形工具将牡丹花素材调整到适当位置，效果如图 6.54 所示。

图6.53 打开牡丹花素材

图6.54 导入牡丹花素材

⑥ 选择牡丹花图层，点击图层面板下部的蒙版按钮，为牡丹花图层添加图层蒙版。选择工具箱中的橡皮工具，在画笔属性中设置主直径为 110px，硬度为 30%，然后在蒙版上面擦除想保留下来的部分，擦除后的制作效果如图6.55所示。然后双击牡丹花图层的图层缩略图，弹出图层样式对话框，将常规混合中的混合模式调整为正片叠底，参数设置如图 6.56 所示。调整效果如图 6.57 所示。

图6.55 操作蒙版

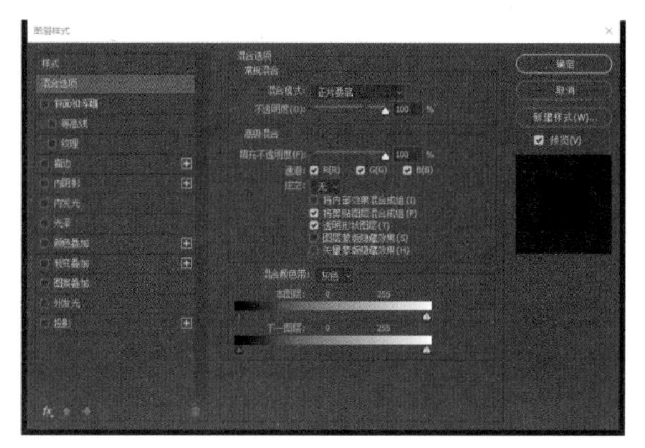

图6.56 调整图层样式

图6.57 调整效果

⑦ 新建一个图层，取名为月亮遮罩，建立一个正圆选区，填入前景色，如图 6.58 所示。然后点击图层面板下面的“蒙版”按钮，为月亮遮罩图层添加蒙版，如图 6.59 所示。选择工具箱中的渐变工具，选择前景色到透明的渐变模式，为月亮遮罩图层添加渐变，如图 6.60 所示。

图6.58 月亮遮罩图层

图6.59 操作蒙版

图6.60 蒙版效果

⑧ 点击月亮遮罩图层的缩略图，同时按下“Ctrl”键，就得到了一个圆形的选区，然后按下“Alt”键，同时用工具箱中的多边形套索工具减去一部分选区，如图 6.61 所示。然后按快捷键“Shift+F6”键打开羽化对话框，参数设置如图6.62所示。调整后的效果如图6.63所示。

图6.61 选区

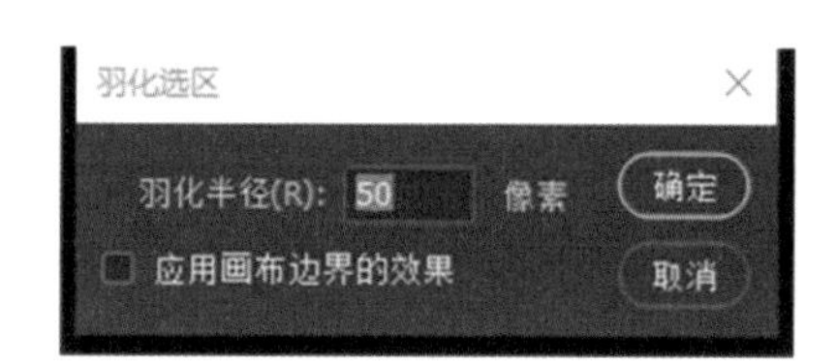

图6.62 羽化

图6.63 月光渐变

⑨ 选择菜单中的“文件 > 打开”命令，在 Photoshop 2022 的工作区打开素材库中的树枝剪影素材，如图 6.64 所示。然后使用工具箱中的移动工具将树枝剪影素材拖入《花月少年》文件，按快捷键“Ctrl+T”键，使用变形工具将树枝剪影素材调整到适当位置，效果如图 6.65 所示。

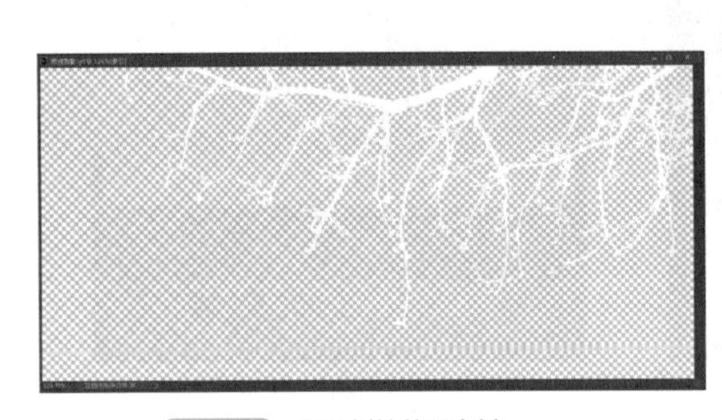

图6.64 打开树枝剪影素材

图6.65 导入树枝剪影素材

⑩ 双击树枝剪影图层的图层缩略图，弹出图层样式对话框，将常规混合中的不透明度调整为 25%，参数设置如图 6.66 所示。调整后效果如图 6.67 所示。

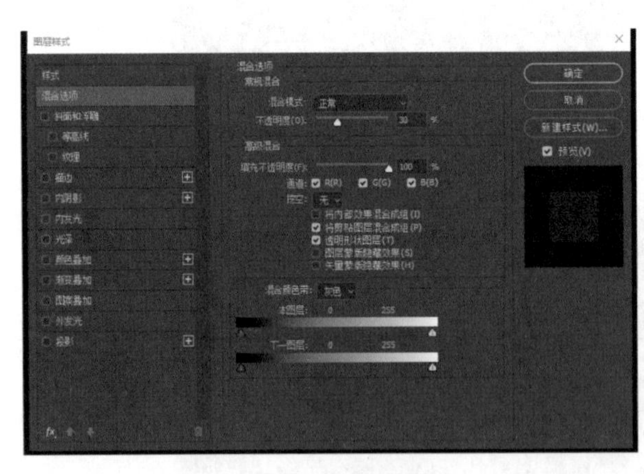

图6.66 调整图层样式

图6.67 调整效果

⑪ 点击图层面板下部的新建图层按钮，新建一个图层取名为遮罩，然后在遮罩图层内制作一个正方形的选区，按快捷键“Alt+Delete”键，填充背景色黑色，效果如图 6.68 所示。然后再制作一个正圆的选区放于画面的中心位置，操作设置如图 6.69 所示。

图6.68 填色

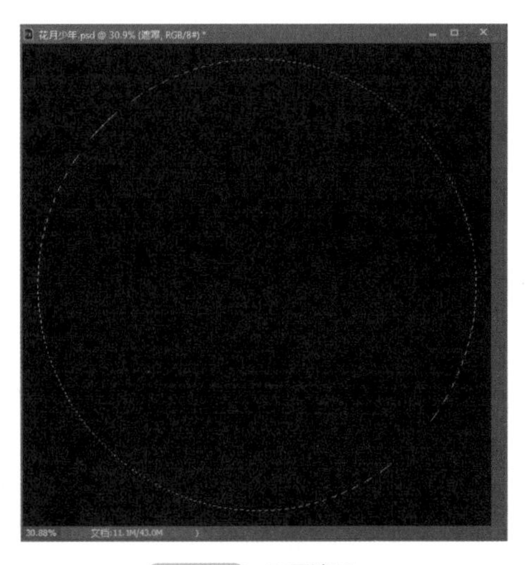

图6.69 正圆选区

⑫ 双击遮罩图层的图层缩略图，弹出图层样式对话框，将常规混合中混合模式调整为“柔光”，参数设置如图 6.70 所示。调整后效果如图 6.71 所示。

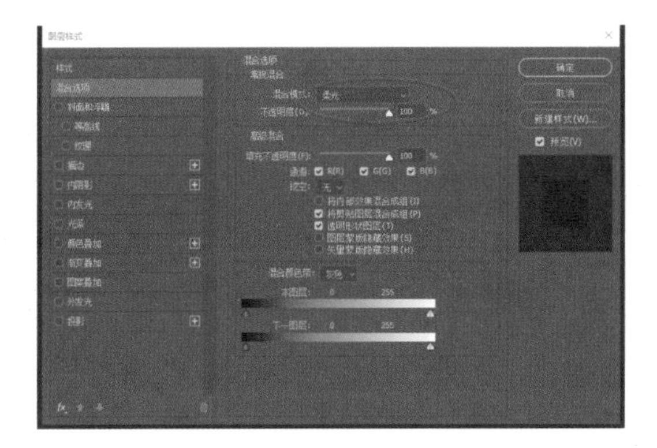

图6.70 调整图层样式

图6.71 调整效果

⑬ 复制遮罩图层，得到遮罩副本图层。双击遮罩副本图层的图层缩略图，弹出图层样式对话框，将常规混合中混合模式调整为“柔光”，不透明度调整为 70%，如图 6.72 所示。按快捷键“Ctrl+T”键，使用变形工具将遮罩副本图层调整到适当位置，效果如图 6.73 所示。

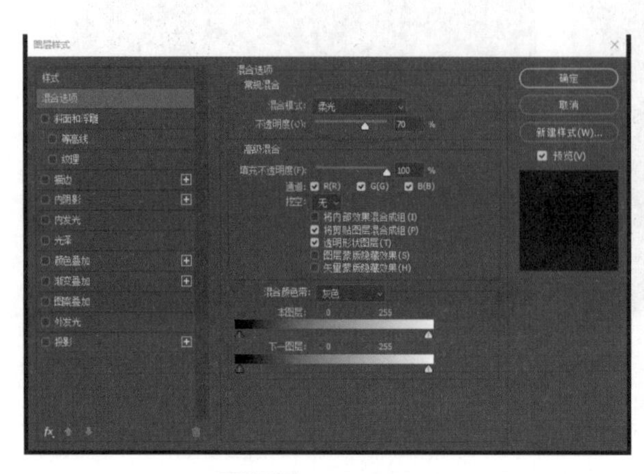

图6.72 调整图层样式

图6.73 调整效果

⑭ 导入书法素材 1 后并调整到合适位置，《花月少年》实例就制作完成了。最终的效果如图 6.74 所示。

图6.74 《花月少年》最终效果

6.3.3 实例3：荷塘人家

此实例的人物原照是一张人物写真照片，通过 Photoshop 2022 的处理我们将其制作成了《荷塘人家》效果。实例的人物原片如图 6.75 所示。

图6.75 人物原片

① 选择菜单中的“文件 > 新建”命令，在 Photoshop 2022 的工作区新建一个文件，取名为《荷塘人家》，如图 6.76、图 6.77 所示。

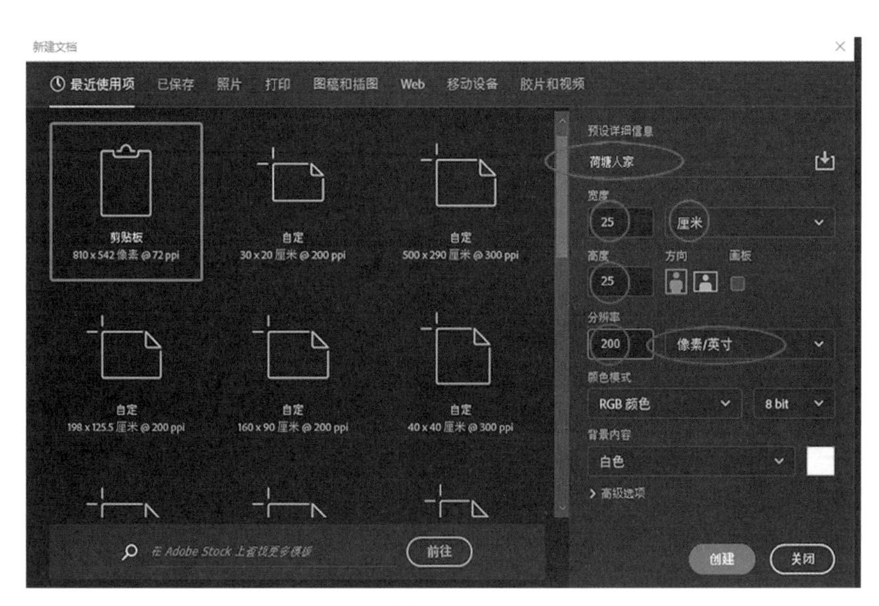

图6.76 新建

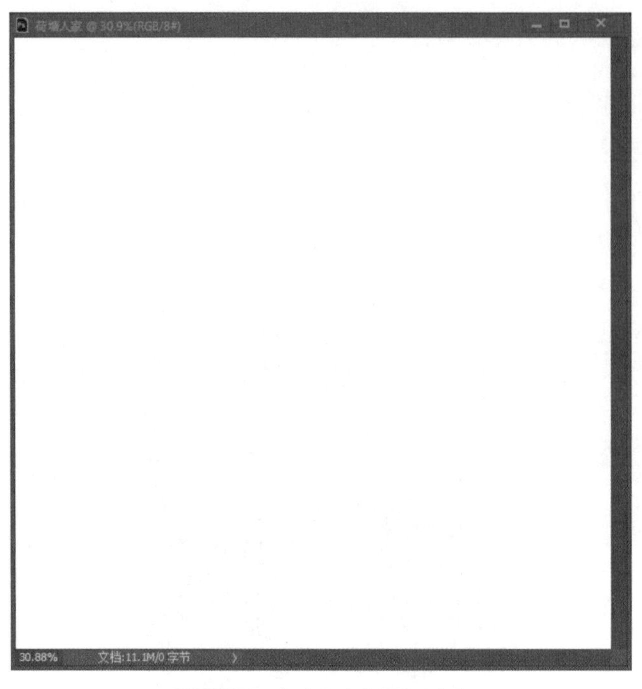

图6.77 新建文件《荷塘人家》

② 双击工具箱中的前景色图标，弹出拾色器对话框，选择一种淡蓝色，如图 6.78 所示。然后按快捷键“Alt+Delete”键，为背景图层添加上淡蓝色，效果如图 6.79 所示。

图6.78 拾色器

图6.79 填充颜色

③ 选择菜单中的“文件 > 打开”命令，在 Photoshop 2022 的工作区打开人物原片，如图 6.80 所示。然后使用工具箱中的移动工具将人物原片拖入《荷塘人家》文件，按快捷键“Ctrl+T”键，使用变形工具将人物原片调整到适当位置，效果如图 6.81 所示。

图6.80 打开人物原片

图6.81 导入人物原片

④ 选择人物原片图层，点击图层面板下部的蒙版按钮，为人物原片图层添加图层蒙版，如图6.82所示。选择工具箱中的橡皮工具，在画笔属性中设置主直径为300px，硬度为0%，然后在蒙版上面擦除想保留下来的部分，擦除后的制作效果如图6.83所示。蒙版制作的最终效果如图6.84所示。

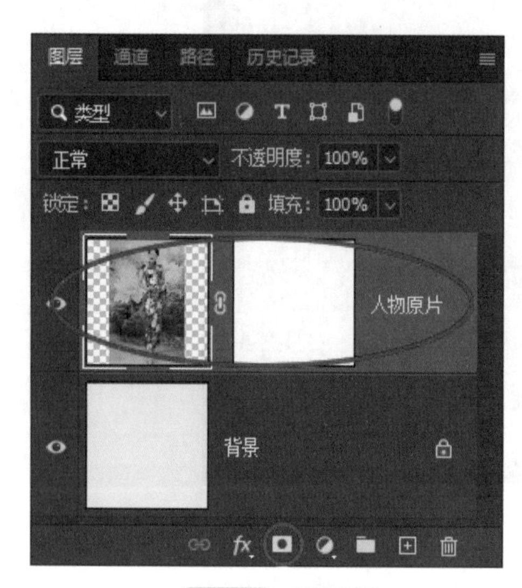

图6.82 添加蒙版

图6.83 操作蒙版

图6.84 蒙版效果

⑤ 选择菜单中的“文件 > 打开”命令，在 Photoshop 2022 的工作区打开素材 1，如图 6.85 所示。然后使用工具箱中的移动工具将素材 1 拖入《荷塘人家》文件，按快捷键“Ctrl+T”键，使用变形工具将素材 1 调整到适当位置，效果如图 6.86 所示。

图6.85 打开素材1

图6.86 导入素材1

⑥ 选择素材 1 图层，点击图层面板下部的蒙版按钮，为素材 1 图层添加图层蒙版，如图 6.87 所示。选择工具箱中的渐变工具，在渐变工具属性条中选择线性渐变，渐变模式选择背景色到透明，然后在画面中为素材 1 添加渐变，制作效果如图 6.88 所示。渐变制作的最终效果如图 6.89 所示。

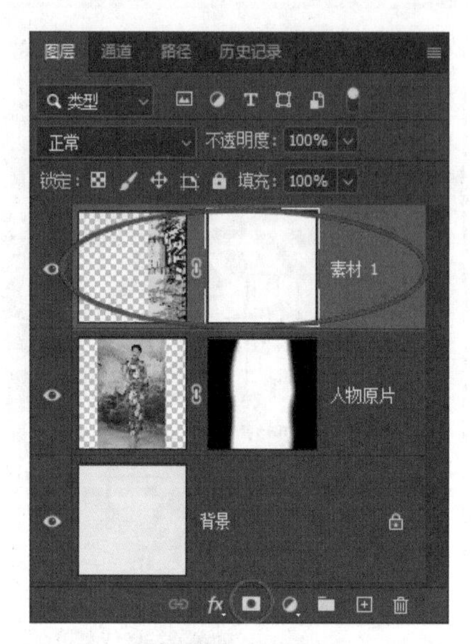

图6.87 添加蒙版

图6.88 操作渐变

图6.89 渐变效果

⑦ 选择菜单中的“文件 > 打开”命令，在 Photoshop 2022 的工作区打开素材库中的素材 2，如图 6.90 所示。然后使用工具箱中的移动工具将素材 2 拖入《荷塘人家》文件，按快捷键“Ctrl+T”键，使用变形工具将素材 2 调整到适当位置，效果如图 6.91 所示。

图6.90 打开素材2

图6.91 导入素材2

⑧ 用同样的操作命令为素材 2 制作渐变效果，如图 6.92 所示。然后再次导入素材 1 图片和素材 2 图片的图层，不透明度都调整为 80%，制作完成后的效果如图 6.93 所示。

图6.92 渐变效果

图6.93 调整不透明度效果

⑨ 点击图层面板下部的新建图层按钮，新建一个图层取名为遮罩，然后在遮罩图层内制作一个正方形的选区，按快捷键“Alt+Delete”键，填充背景色黑色，效果如图 6.94 所示。然后再制作一个正圆的选区放于画面的中心位置，操作设置如图 6.95 所示。

图6.94 填色

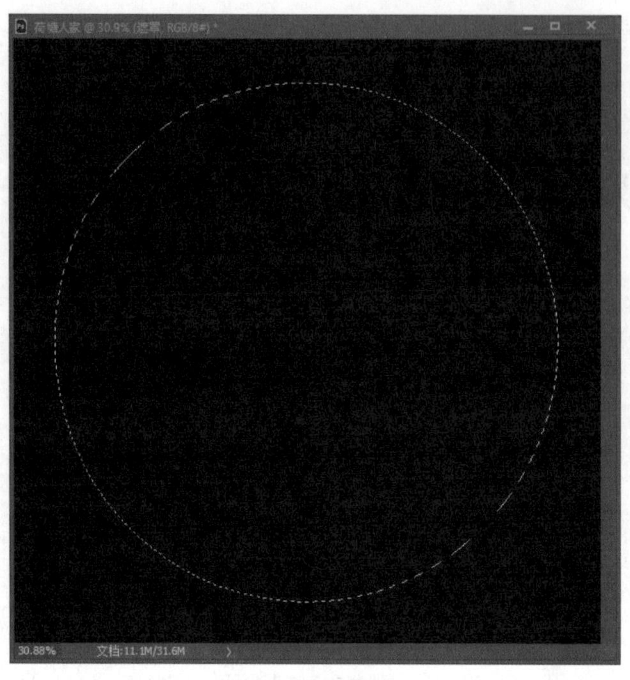

图6.95 正圆选区

⑩ 点击键盘上的“Delete”键，将正圆内的黑色区域删除，如图 6.96 所示。然后双击遮罩图层的图层缩略图，弹出图层样式对话框，将常规混合中的混合模式调整为“柔光”，参数设置如图 6.97 所示。

图6.96 删除

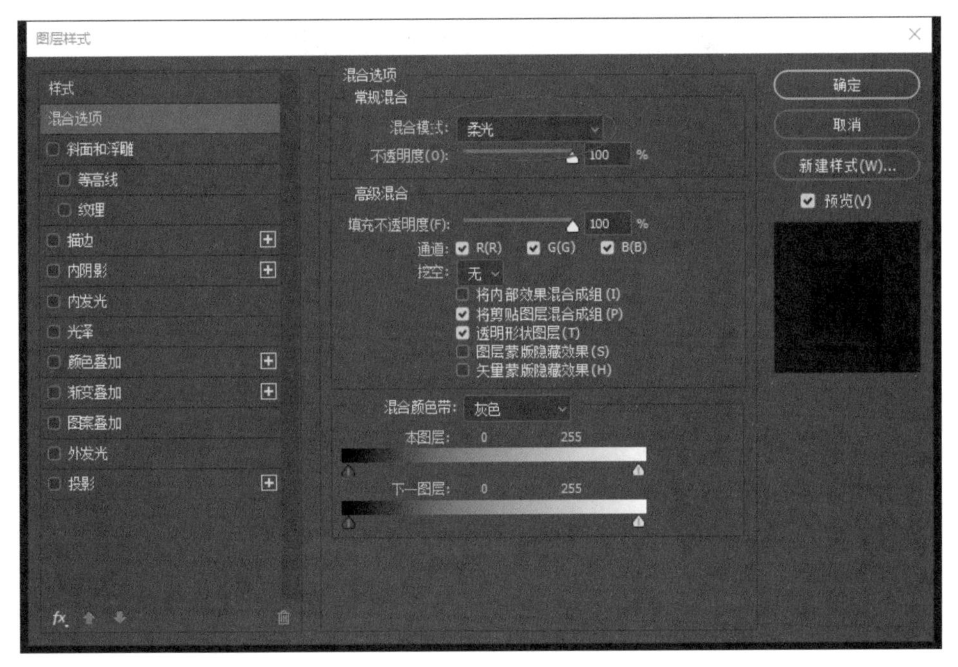

图6.97 调整图层样式

⑪ 图层样式对话框调整完参数后，按“确定”按钮退出，调整后的最终效果如图 6.98 所示。用同样的操作再制作一个遮罩，使两个遮罩相叠，制作后的效果如图 6.99 所示。

图6.98 调整效果

图6.99 遮罩

⑫ 导入书法素材 2 后并调整到合适位置，《荷塘人家》就制作完成了。最终的效果如图 6.100 所示。

图6.100 《荷塘人家》最终效果

技巧点拨

在这个《荷塘人家》的实例制作中，素材多为中国风风格的素材。其中书法、荷花、旗袍、画作等素材的氛围渲染的作用很大，加之人物为中国风风格的写真照片，这个实例的主题非常鲜明。中国风风格的素材可以在网上或素材库中找到，只要合理应用就可以了。

6.4 技法延伸

通过本章案例，我们学习了古色古香的中国风特效的制作方法，以及如何将个人写真照片处理成具有中式风格的作品的方法；如何制作中国风背景、如何修整中国风人物、如何塑造中国风色彩、如何制作中国风配饰、如何制作倒影等，这些技法和效果可以使你的写真照片变得更具中国风的美感，这些制作技法还可以广泛用于制作个人的写真相册、个人珍藏的留念照片，美化个人的博客空间，表现个人中式儒学的一面。

6.5 小结

本章我们学习了古色古香的中国风特效的制作方法，还学习了中国风的组合、布局、配饰、色调、字体等知识，目的是使大家对于古色古香的中国风有一定的了解，进而学会制作。

在制作中式风格作品的时候，可以加上一些水墨特效，这样看起来更有意境。制作中国风特效，一般要选择古装素材，并搭配一首古风背景更为适合。像上面这种具有浓浓中国风的水墨特效，并最终形成“水墨晕染”后的效果。中国风的人物应用需要进行精修，在进行修图后，应该还有人物本身的特点在。中国风的人物图中一般都有比较有特性的元素，可以看出前后对比还是很不一样的，处理后人物更加精致，所展现的感觉也很不一样，但是看得出还是原来的人物。将拍摄的人像处理成工笔画效果，通过抠图，与国画素材甚至现成模版合成画面，再溶入宣纸效果（质感）。这就是中国风主要处理手段。人像处理成工笔画效果的方法各有不同，最简单的方法是：提取人像的线描图层，再对此图层恢复部分细节。另外，还可以选用古风字体来制作字幕，并添加水墨字幕特效。若再选择一个“水墨意境”的片头特效，就堪称完美了。

07

第 7 章

浪漫唯美奇幻的童话特效制作方法

【本章导读】

本章主要讲解的内容是奇幻风格的作品的特征，以及学习通过将多个素材合成出梦幻唯美的奇幻色彩人像作品。此类作品画面风格唯美、场景超脱现实、边角修饰极具个性，是很受年轻人喜欢的。

本章主要学习以下内容：

- 学习构思和设定含有故事情节的人像摄影作品
- 学习用蒙版技术将不同的素材图进行融合处理
- 学习处理不同素材色调间不统一的问题
- 学习制作出童话里精灵的效果
- 学习通过添加装饰性元素增加画面的奇幻色彩
- 学习通过文字来增强画面的唯美效果

7.1 奇幻的童话特效制作要点

图7.1 奇幻的童话特效示例（一）

图7.2 奇幻的童话特效示例（二）

请大家观察这些具有奇幻风格的作品，不难发现奇幻风格的作品有其很强的艺术特征和审美法则。

这些特征主要表现在：①背景色与表现的主题相对应。在主人公身份是神秘的、邪恶的、怪异角色的时候，表现多是昏暗的、诡秘的黑色或者是暗灰色；在主人公是精灵或仙女的时候，背景色调多是蓝色或紫色的深色调；深绿色调则多半会是鬼怪、恐怖的角色的主背景。②光线的变幻也与表现的主题相对应。在主人公是悲剧角色时，光影效果多为昏暗、模糊的阴郁感觉；主人公高兴或者有好的事情发生时，光线会变得明亮。③奇幻作品多会用一些视觉元素来增强奇幻色彩。比如说夜晚的星光、萤火虫；清晨的朝露；仙女的仙女棒；漫天飞舞的花瓣或雪花；飘零的羽毛；翩翩起舞的蝴蝶等。

梦幻世界

在讲实例之前先来了解一下奇幻风格的人像合成的几点设计原则。

利用各种素材合成人物照片，在进行设计时首先要明确自己所要表达的主题，协调主体人物与环境背景的透视关系，在整体合理的基础上使作品具有视觉冲击力。在我们开始设计之前，以下的内容不可忽视：①协调好照片中人物和背景素材的透视关系；②处理好主体和背景素材的光线关系；③搭配好人物和背景素材的色彩；④考虑照片和背景素材的主题历史背景。

- **如何构思和设定含有故事情节的人像摄影作品**

奇幻风格的人像作品，尤其是含有故事设定的作品，往往会在设计制作的过程中对原片的改动比较大，所以在设计之前要仔细揣摩原片的构图和人物的情绪，结合照片本身的感觉去制作，即便是经过增加素材、改变色调等“大工程”后，原片变得“面目全非”，也一定要使人物的面貌、情绪不会发生变化，这是我们构思和设定含有故事情节的人像作品的依据。

- **如何将不同的素材图进行融合处理**

可以说蒙版是处理多张素材图之间较难融合问题的一个极好的工具，前文我们已经讲述了蒙版的用法，但是如何具体应用到照片处理和实际设计之中去呢？还是需要我们通过实例来具体讲解。

- **如何处理不同素材色调间不统一的问题**

我们的做法一般是用一个降低透明度的渐变映射或者用半透明的色彩覆盖在画面上，具体的做法将通过实例来详细讲述。

- **如何通过添加装饰性元素增加画面的奇幻色彩**

夜晚里的星光、萤火虫；清晨的朝露；仙女的仙女棒；漫天飞舞的花瓣或雪花；飘零的羽毛；翩翩起舞的蝴蝶等都是增加画面奇幻色彩的装饰性元素，通过添加这些装饰性元素就可以起到增加画面奇幻色彩的目的。

- **如何通过文字来增强画面的唯美效果**

主题文字是用来点明题意、增强视觉效果的重要元素。我们在增添主题文字的时候要注意字体的选择与画面效果相匹配才好。

① 新建宽度 3780 像素、高度 2126 像素、分辨率 300dpi 的画布。如图 7.3 所示。图层名称设置为背景。

图7.3 新建画布

② 我们将背景图片导入画布中，进行位置和色调的构思，随后进行细致操作，如图 7.4 所示。

图7.4 排版

③ 开始构思整体。我们要提取素材中绚丽梦幻的部分来充当该主题背景，选取偏暖色调的天空充当背景，将图片拖入画布中，按住“Shift”键利用鼠标按比例调节图片使其高度与画布吻合，并将其放置于画布右侧等待后续调整。如图 7.5 所示。

图7.5 背景制作

④ 将准备好的星空照片拖入其中，拉伸照片使其左右宽度与画布吻合。模式选择正常并降低其透明度至 50%，呈现若隐若现的星空梦幻感。点击左侧工具栏左下方快速蒙版添加快速蒙版，使用橡皮工具涂抹背景制作图层的星球部分，使其显现在本层之上。新手为更好控制橡皮涂抹程度，建议不透明度选择 50%，涂抹范围随物体大小按“[”“]”进行调节。制作出最终效果如图 7.6 所示。

图7.6 添加星系背景

⑤ 拖入花海素材，看原图发现图片花海的色相与整体背景相差过大，我们首先调节其色相，使其色相偏向紫色（或红色），如图 7.7 所示。点击“图像 > 调整 > 色相 / 饱和度”“色相调至 -30、饱和度调至 +5”使其色相与背景星系相容。

⑥ 再根据其图片延伸方向。按住“Ctrl+T”，利用鼠标调整其延伸角度，使其呈现平缓向远方的空间感。点击左侧工具栏左下方快速蒙版添加快速蒙版，使用橡皮工具涂抹上半部天空部分，这时为了确保涂抹均匀，可以调整“不透明度：100%、流量：100%”。如图 7.8 所示。

图7.7 花海色相调节

图7.8 右侧花海

⑦ 将树荫拖入图中，调整其大小放置图左侧，发现其色相、色系、冷暖三者都与图中背景各元素存在较大差异。步骤同⑤调节，将树荫“色相调至 -120、饱和度调至 +10”。如图7.9 所示。

图7.9 树荫色相调节

⑧ 添加快速蒙版，利用橡皮工具在左侧垂直涂抹，我们需要树枝的延伸，所以我们涂抹的轨迹向右倾斜，保留中间的上半部分树枝延伸，使其对星球进行部分遮挡，呈现前后的空间感，也为其增添梦幻色彩。如图 7.10 所示。

图7.10 树荫

⑨ 填补左侧草地，选择上一个草地图层，按住“Ctrl+C+V”复制图层，再将图层拖至树荫图层之上，添加快速蒙版将其遮挡的部分进行涂抹，橡皮数值同⑧。如图 7.11 所示。

图7.11 花海

⑩ 将城堡图片拖入图中，图层取名“城堡”，这里城堡的色相和冷暖依旧与图片背景差异太大，调整色相/饱和度，“色相: -20；饱和度: +10”如图 7.12 所示。随后用橡皮对边缘较为清晰的地方进行擦拭使其虚化变淡，橡皮的“不透明度: 10%；流量 25%”使城堡图片更加梦幻，更好地融入背景，塑造空间感，如图 7.13 所示。最后保存 PNG 格式，方便后期使用。

图7.12 城堡色相调节

图7.13 城堡淡化

⑪ 将调整好的城堡图片拖入“梦幻世界”画布中，先后按住“Ctrl+T、Shift”，利用鼠标将其等比控制到合适大小。如图 7.14 所示。

图7.14 城堡

⑫ 完成上述背景制作后，开始制作装饰特效。将准备好的星光素材拖入，调整其模式为滤色，使其星光点处充分展露并使其黑暗背景消融于背景中。随后点击“Ctrl+C+V”复制图层，增加其星光亮部。如图 7.15 所示。

图7.15 星光特效

⑬ 我们首先遇到的人物问题是方向角度不符合图中构图。在 Photoshop 2022 中打开人物照片，按住“Ctrl+T”再点击鼠标右键，选择水平旋转使其人物朝向符合我们的构图，随后添加快速蒙版，橡皮擦“不透明度: 100% ；流量: 100%”擦涂人物，如图 7.16 所示。

⑭ 将人物拖入画面中，按住“Ctrl+T”，出现大小调节按钮，再按住“Shift”利用鼠标左键进行等比例缩放。

⑮ 我们在拖入主体人物时也会遇到同样的问题，人物与背景色相相差太大，融入不了画面中，对此我们依旧先对其色相进行调节，“色相: –20；饱和度: +5”，人物在整个画面中过于清晰，会给人一种突出（很跳）的不适感，我们调节其不透明度为 75%，使其更好地融入画面。如图 7.17 所示。

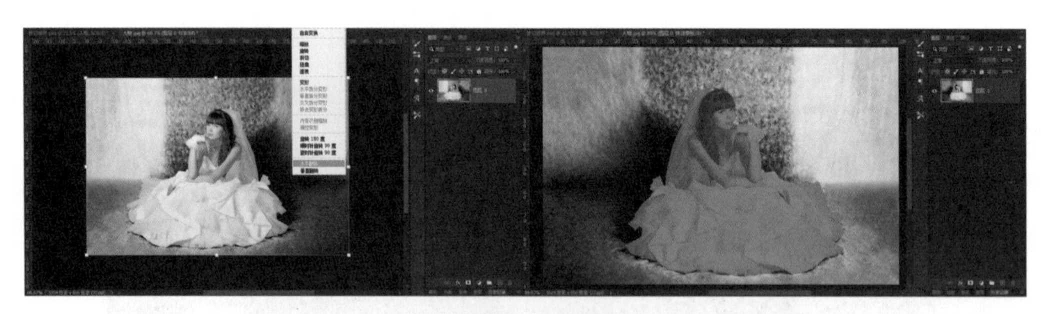

图7.16 人物提取

图7.17 人物

⑯ 完成上述操作后，人物附近的装饰过少。显得整张图片左边较为空旷，我们利用画笔工具制作萤火虫特效。首先建立新图层命名为萤火虫，点击画笔工具选择喷溅式画笔，控制“不透明度：90%；流量：50%”。随后利用“[”“]”控制画笔大小进行喷涂，注意喷涂位置不要过于集中，尽量频繁变换大小，使萤火虫特效有远近交错的空间感。如图 7.18 所示。

图7.18 萤火虫

⑰ 最后进行细节调控。由于整体人物的婚纱裙摆位置延伸不够，我们在人物原图中用多边形套索或者钢笔工具截取一块拿来做延伸。

⑱ 将截取后的裙摆拖入图中，调节不透明度。使其与人物一致，按住“Ctrl+T”，随后按住“Shift”利用鼠标拉扯右下角延长裙摆。最后建造新图层，选择星星状画笔在画布四角进行喷涂，形成边框。如图 7.19 所示。

图7.19 调整细节

⑲ 最后我们欣赏成品，如图 7.20 所示。

图7.20 《梦幻世界》

技巧点拨

注意我们应用的照片也要经过一定的挑选，要有一些奇幻的特征，不要过于普通。有一点另类的姿势、动作和眼神等为上。服饰也尽量有个性，当然一般的也可以，只是效果可能差一些。然后我们可以增加人物的佩饰，改变头发的颜色，加长使之更飘逸，调整肤色，甚至改变眼神使之凶悍等方法来加以塑造。

7.2 守护

本节将详细介绍《守护》的具体制作步骤。大致思路为：先根据照片进行构图，对各素材进行处理，然后合成，进行整体调整后再添加些装饰性素材来增强画面效果。

① 首先构思制作风格，选取的素材多是偏向冷色调，所以这次制作我们以冷色调为基准。创建宽度：1023 像素、高度 980 像素、分辨率 72dpi 的画布，将准备好的草地背景图片拖入其中。点击“图像 > 调整 > 色相 / 饱和度”进行调整“色相：+115；饱和度：+15”。如图 7.21 所示。

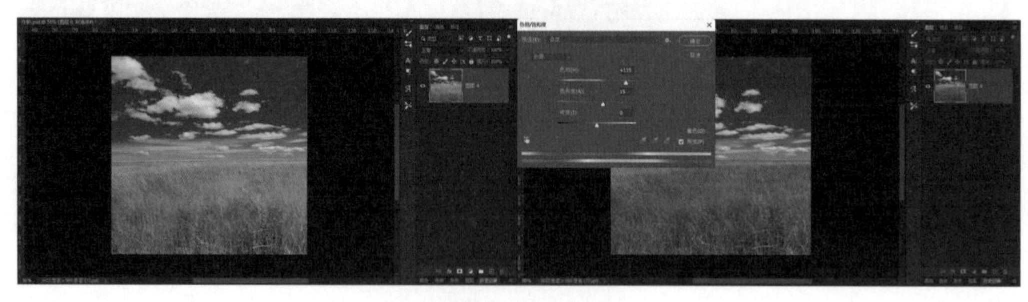

图7.21 草地背景

② 此时草地背景整体偏蓝，与红色的天空格格不入，我们将准备好的星空素材照片拖入其中。首先按住“Shift”，利用鼠标等比例缩放大小将其拖入并挡住草地背景的天空。如图7.22 所示。

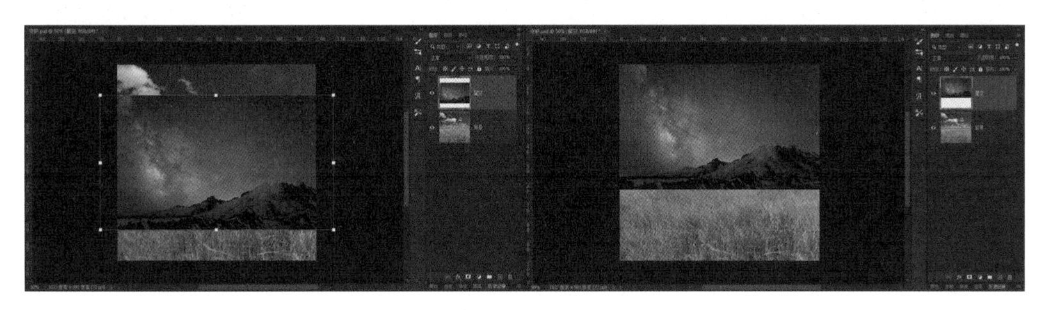

图7.22 星空背景

③ 此时的星空背景与草地依旧不能很好地融合。我们先微调星空的色相和饱和度，“图像 > 调整 > 色相 / 饱和度”“色相: –30；饱和度: +10”。

④ 在星空图层添加矢量蒙版，利用橡皮在山体与草地中间进行涂抹，使其融合得自然均匀。“不透明度: 45；流量: 40”。如图 7.23 所示。

图7.23 添加矢量蒙版

⑤ 完成背景制作后我们进行人物的特效制作，首先提取素材中的人物。用 Photoshop 2022 打开人物素材，按“Q”添加快速蒙版，利用橡皮在需要的人物部分进行涂抹，橡皮大小用“[”“]”控制，橡皮工具“不透明度: 100%；流量: 100%”。完成后结束快速蒙版按住“Ctrl+Shift+I”进行反选，按住“Ctrl+C+V”进行复制，随后拖入《守护》画布中。如图 7.24 所示。

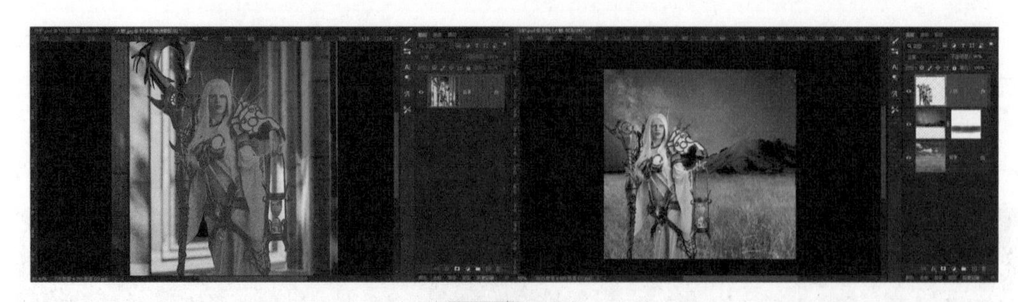

图7.24 人物

⑥ 我们给任务添加特效，双击图层栏人物图层，弹出图层样式。内发光结构混合“模式：滤色；不透明度：22%；杂色：19%；颜色：固定颜色纯白；图素方法：柔和、居中；大小：29 像素；品质范围：50%”。如图 7.25 所示。

图7.25 人物内发光

⑦ 图层样式外发光，结构“混合模式：滤色、不透明度：72%、杂色：1%、颜色：固定颜色马尔代夫绿、图素方法：柔和、大小：250 像素、品质范围：50%”。如图 7.26 所示。具体数值可以根据自己的需求及画面的美感进行调整，以上数据只供修改参考。

图7.26 人物外发光

⑧ 选择本图层调节“不透明度为 90%”，使人物更好地融入其中，最终效果如图 7.27 所示。

图7.27 人物最终效果

⑨ 在完成人物特效制作后，我们再着手于图片氛围以及特效制作。图片的空间感足够但衔接前后空间的物体不足，显得整个画面空旷单调，这时需要我们提取有用素材进行装饰。

⑩ 我们在 Photoshop 2022 中打开城堡照片素材，城堡照片颜色单一容易提取，直接选择“魔术棒”点击城堡主体，随后按住“Shift”继续点击未被选中的部分，直至整个城堡都被选区选中，按住“Ctrl+C+V”进行复制，然后拖入《守护》画布中。如图 7.28 所示。

图7.28 城堡

⑪ 先调节城堡大小，按住“Shift”利用鼠标等比缩放城堡到合适大小，将城堡拖至山顶附近进行遮挡，然后用橡皮工具“不透明度：25%；流量：30%”将城堡周围多余部分和底座部分涂抹至虚化。随后调节城堡图层“不透明度：80%；模式：正常”。如图 7.29 所示。

图7.29 城堡调节

⑫ 将准备好的蝴蝶特效拖入图中人物手心位置，营造人物手托蝴蝶的视觉感，蝴蝶素材拖入按比例调节大小，随后修改为“模式：变亮；不透明度：90%”。如图 7.30 所示。

图7.30 蝴蝶

⑬ 用画笔选择星星图案进行喷画制作边框，颜色选择接近草地的蓝色，使整体颜色更加协调，并用画笔工具在其中涂画线条。本次操作可做完一角后，按“Ctrl+C+V”复制图层后按“Ctrl+T”，随后鼠标右键选择“水平翻转”完成另一边的制作。下面的边框同理，最后选择垂直翻转即可。最终效果如图 7.31 所示。

⑭ 将准备好的“主题字”放置于图中标题处，利用鼠标对位置进行调整，按“Ctrl+T”进行大小调整，主题字如图 7.32 所示。最后放置于如图 7.33 所示位置。

图7.31 边框

图7.32 主题字

图7.33 《守护》

技巧点拨

不同风格的图片应用时，可以调整它的色彩、增加光束、做滤镜处理等塑造奇幻的效果。整体调整非常重要，可以解决很多素材色调之间不统一的问题。装饰性的闪光点一类的素材可以通过制作完成。

7.3 小结

奇幻效果的塑造新颖时尚，也不是很难处理。只要把相应的图形元素进行合理的搭配组合处理，按照本章中的具体步骤，循序渐进，定能制作出漂亮的奇幻效果的作品。

以上技巧我们还可以具体应用在很多其他的设计领域，比如 CG 创作、广告设计、包装设计等，大家可以试试看。

08

第 8 章

Photoshop 2022 视觉效果处理在平面媒体中的应用实例

8.1 风光图册制作实例

【本节导读】

本节主要讲解的内容是风光图册特征，以及学习通过将多个素材合成出风光图册作品，作品画面风格简约、场景有冲击力。

本节主要学习以下内容：

- 学习构思和设定图册的布局方案
- 学习用剪切蒙版技术将素材图重要位置突出
- 学习通过添加装饰性元素增加画面唯美感
- 学习通过文字来增强画面的唯美效果

在一套风光图册中每一张风光图册的制作都要满足布局合理、风格统一、留有留白、格式多样四个条件。首先展示成品。本次我们先从双栏型宣传画册《长城》讲起，了解其详细做法及如何排版布局。

图8.1 风光图册示例

① 打开 Photoshop 2022，点击菜单栏“文件 > 新建”建立一个“高度: 1328 像素；宽度: 1727 像素；分辨率: 300dpi；背景：白色”的剪切板，命名为《长城》。具体数值如图 8.2 所示。

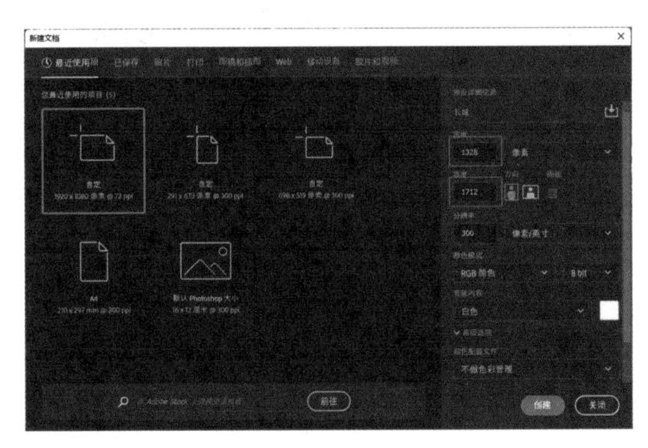

图8.2 数据面板

② 将准备好的风景照片《长城》拖入剪切板中，按“Ctrl+T”对其大小进行调节，控制其大小基本充满画布为止，并修改其图层名称为长城，如图 8.3 所示。随后将剪切蒙版 1 素材拖入其中，按住“Ctrl+T”控制其大小，左右充满为止。随后将其图层置于长城图层下方，选择长城图层。点击菜单栏的“图层 > 创建剪切蒙版”随后选择各个图层利用键盘箭头按键进行位置调整。完成上述操作后如图 8.4 所示。

图8.3 拖入素材

图8.4 制作剪切蒙版

③ 随后观察整体，右侧留白过多，我们将字体介绍放置右下角，对留白过多地区进行填补，也对整个留白的画面空间进行切割。工具栏中选择横排文字工具，首先添加中文字样“长城”“字体：宋体；大小：30；特点：浑厚；样式：加粗、添加下划线、整体右对齐”，随后在其上方添加英文字样“The Great Wall”“字体：Times New Roman；大小：20；取消下划线其余同上”最后添加中文小字进行过渡“字体：宋体；大小：10；特点：浑厚；样式：加粗、右对齐”形成大小不一的文字组合。如图 8.5 所示。

图8.5 文字装饰

④ 完成上述步骤后我们进行图册右侧的制作，点击“Art+Ctrl+C”打开“画布大小”，调节“宽度：200 像素、定位：点击←”，具体数值如图 8.6 所示。完成上述操作后从左侧刻度标拉出辅助线分割左右，得到如图 8.7 所示画布。

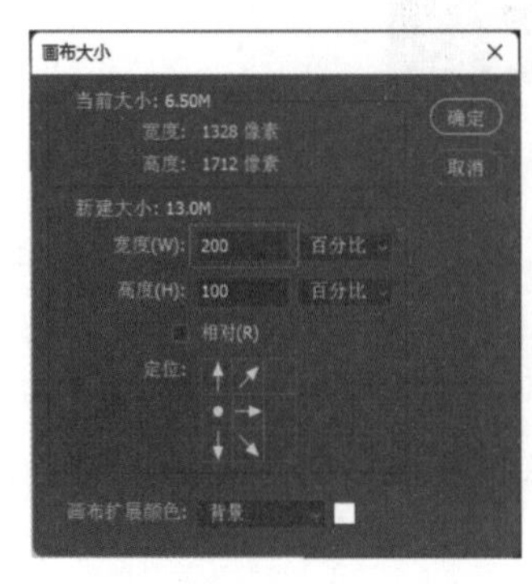

图8.6 扩宽画布图

图8.7 拉出辅助线

⑤ 拖入“丝绸”素材于右侧画布上部中间位置，将准备好的“剑”素材放置于“丝绸”图层上方按住“Alt+Ctrl+G”建立剪切蒙版。随后按“W”切出魔术棒工具“容差：30”将“剑”素材的黑底边框选中点击“Backspace”删除，完成右侧图片装饰。如图 8.8 所示。

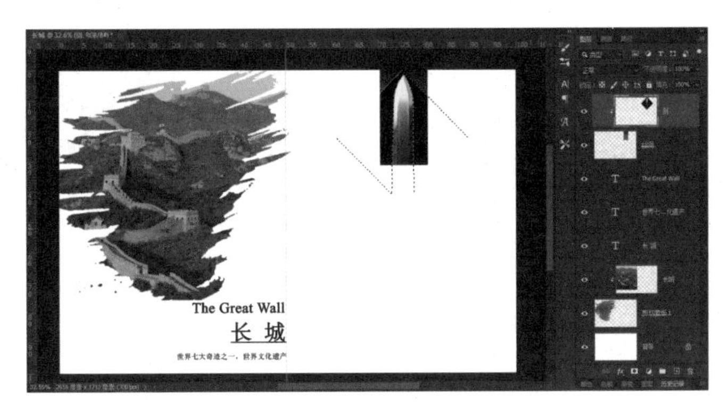

图8.8 剑

⑥ 将准备好的艺术字拖入图中，放置在刚刚做好的右侧图片周围，并给“长”字添加图层样式“样式：浮雕效果、方法：雕刻清晰、深度：50%、方向：上、大小：175 像素；软化：16 像素；角度：45° ；高度：30° ；高光、不透明度：50；其余默认”，具体数值如图 8.9 所示。随后在右侧图片下添加竖排小文字“字体大小：10”具体排列如图 8.10 所示。

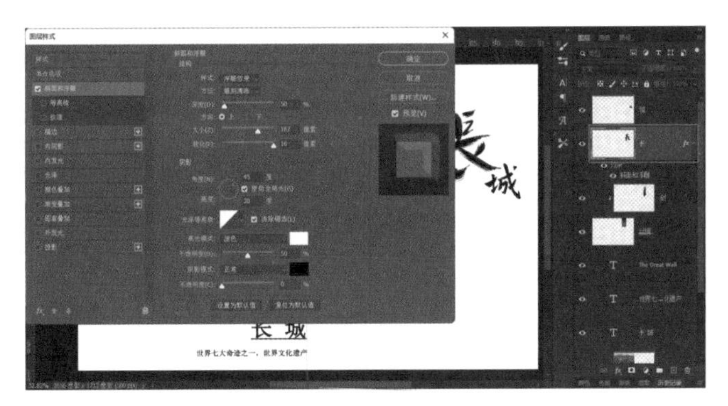

图8.9 雕刻参数

图8.10 长城画册

⑦ 最后缩小视图观察整体，将长城字体调整为中间对齐，使得左面画面更加舒服。如图 8.11 所示。

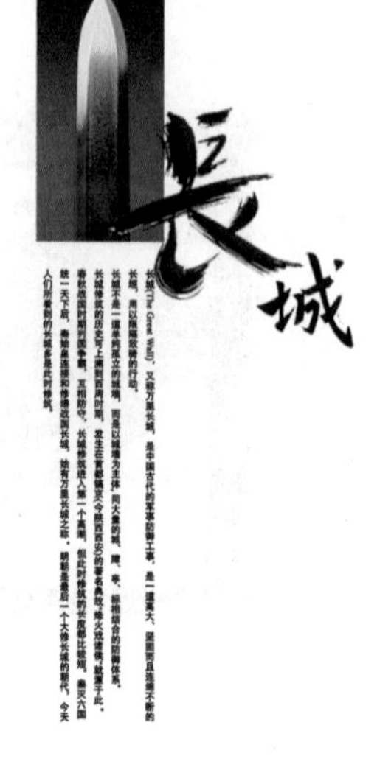

图8.11 《长城》

技巧点拨

由于画册的功能性，双栏型也成为画册常见的排版形式，中间的装订线分割了画册，同时承载了文案和图片两种素材。

8.2 书刊封面制作实例

【本节导读】

本节主要讲解的内容是书刊封面制作，以及学习通过将多个素材重叠制作效果，制作文字效果。

本节主要学习以下内容：

- 学习书刊封面设计的色
- 学习书刊封面设计的构图
- 学习书刊封面设计的形

首先我们要先构思书刊内容的类型，根据其内容进行颜色，构图，造型设计。这次我们以食谱书籍为例进行详细讲解。

① 建立“宽度：4252 像素；高度：2480 像素；分辨率：300dpi”的文件，命名为《书刊平面图》。随后将背景色调为黄色，点击“Ctrl+Delete”进行填充。随后利用标尺和辅助线来确定书脊位置，提前标注进行预留和规划。

② 黄色位于暖色系，是餐饮企业装修常用色系，其可以给人一种温暖热烈的视觉感，提高人的食欲。所以这次制作食谱书籍也应用黄色为背景，如图 8.12 所示。

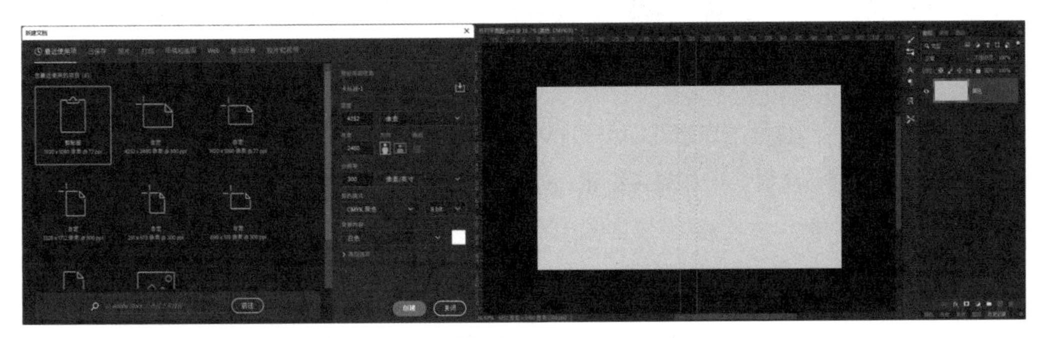

图8.12 建立背景

③ 拖入事先准备好的书籍背景素材，将其导入剪切板左侧，点击“Ctrl+C+V”复制图层，调整后拉入右侧，随后将两个图层合并。

④ 点击图层样式（或双击图层）对其进行修饰和调节，添加浮雕效果，“结构样式：内斜面；方法：平滑；深度：100%；方向：上；大小：5 像素；阴影角度：45°；使用全局光；高度：21°；高光模式：滤色；不透明度：75%；阴影模式：正片叠底”。具体数值如图 8.13 所示。

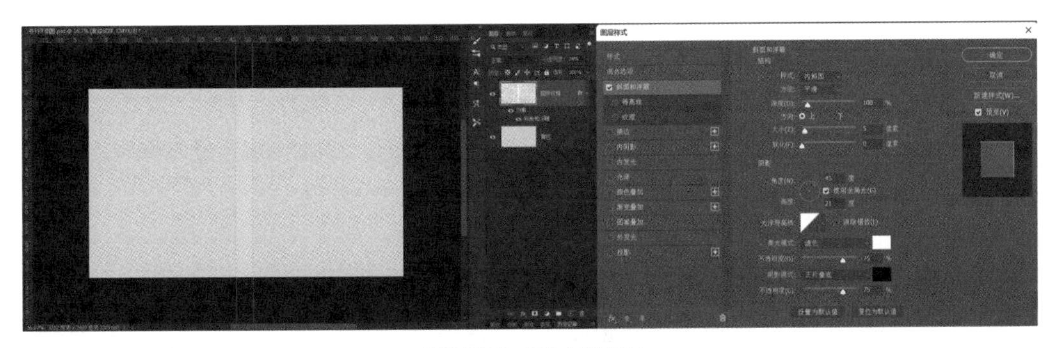

图8.13 添加浮雕效果

⑤ 完成两侧背景图案的调整后，将准备好的书脊背景图案放入中间位置。点击图层样式添加颜色叠加效果，选择“背景：黄色；不透明度：100%”。

⑥ 添加投影效果，结构“混合模式：正片叠底；不透明度：75%；角度：90°；使用全

局光；距离：4 像素；大小：4 像素；杂色：0”。具体数值如图 8.14 所示。

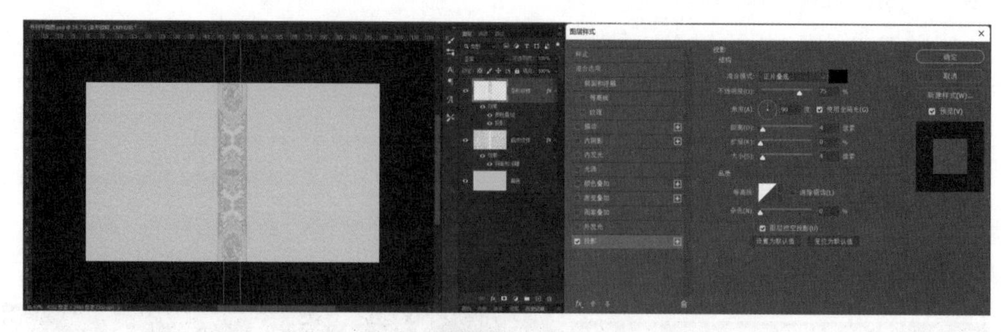

图8.14 书脊

⑦ 在书脊条形纹样图层点击“Ctrl+C+V”复制一层，按住“Ctrl+T”调节纹样大小，使其变窄与前一层部分重叠，形成复杂纹路，如图 8.15 所示。最后在底部利用工具栏“直排文字工具”添加“中国 ×× 出版社”“字体：黑体；大小：30”，如图 8.16 所示。

图8.15 书脊条形纹样

图8.16 书脊文字效果

⑧ 添加背景具体纹样，制作过程中背景添加的具体纹样尽可能地与内容相互呼应，这里我们将带有中国特色的祥云图案安排在中间，方便与主题呼应，四周添加装饰角纹样素材。

⑨ 对装饰角纹样进行浮雕处理。点击图层样式（或双击图层）添加浮雕效果，结构“样式：枕状浮雕；方法：平滑；深度：131%；方向：上；大小：5 像素”。阴影“角度：90°；全局光；高度：30°；高光模式：滤色，白；不透明度：75%；阴影模式：正片叠底，赭石；不透明度：75%”。如图 8.17 所示。

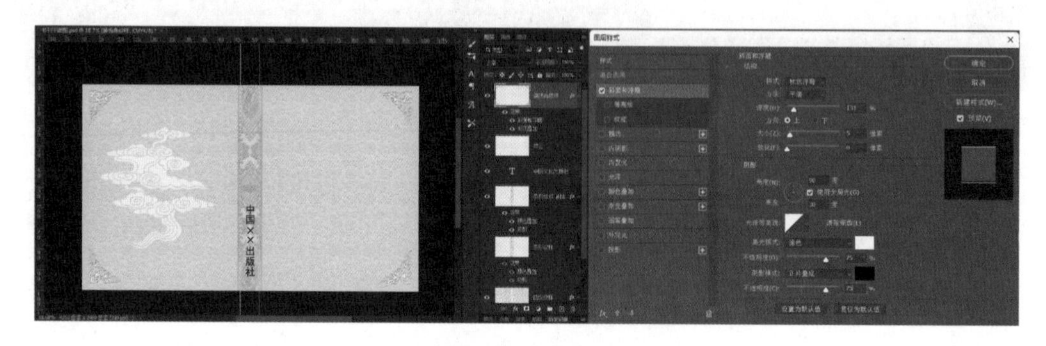

图8.17 装饰角纹案

⑩ 给装饰角纹案添加渐变叠加效果，渐变“混合模式：正常；不透明度：100%；样式：线性；与图层对齐；角度：90°；重置对齐；缩放：100%”如图 8.18 所示。

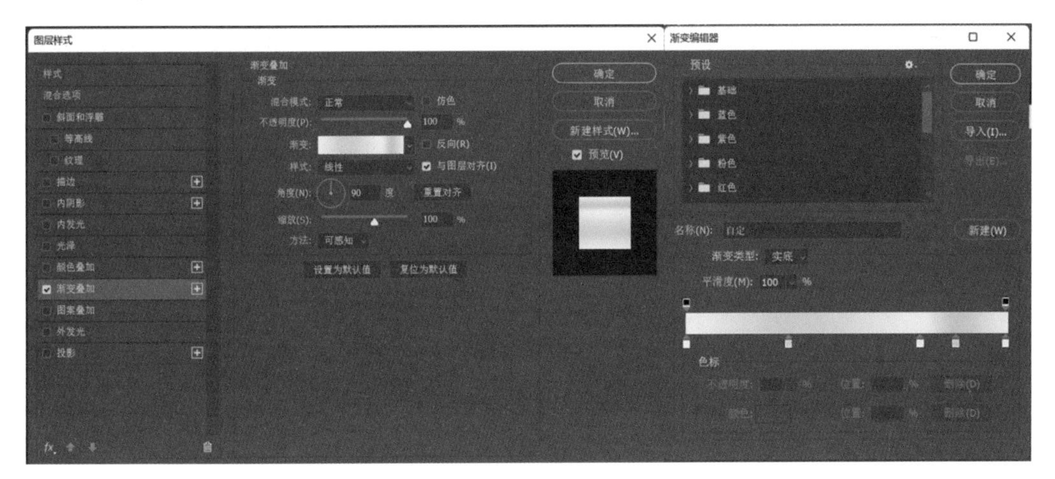

图8.18 渐变叠加

⑪ 继续对背景进行丰富，将准备好的圆形纹样拖入图中所示位置，添加快速蒙版（Q）将其遮挡的部分进行涂抹，橡皮参数“不透明度：100%；流量：100%”，具体如图 8.19 所示。

图8.19 圆形纹案

⑫ 随后将花卉素材拖入图中所示位置，按“Ctrl+C+V”复制图层，利用对象选择工具（W）框出物体，随后将前景色设置为暗灰色，按“Alt+Delete”进行填充，将填充后的花卉图层置于原花卉图层下方，利用“↑”键进行错位，形成花卉图层阴影。如图 8.20 所示。

图8.20 花卉

⑬ 将准备好的书脊两边条形纹样拖入图中，“Ctrl+C+V”复制两边条形纹样，使两条条形纹样置于书脊辅助线两侧。如图 8.21 所示。

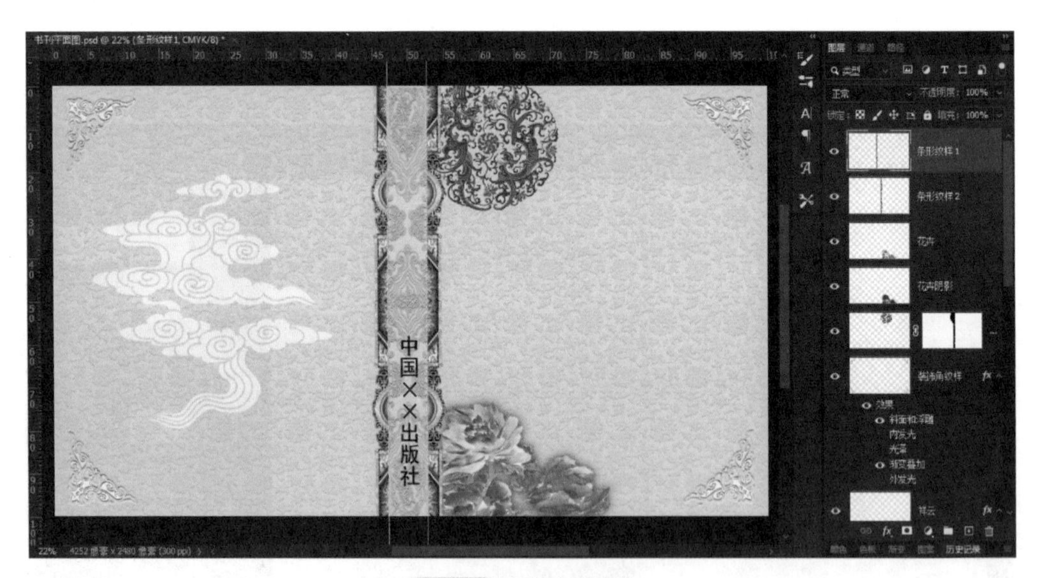

图8.21 两边条形纹样

⑭ 完成书刊背景的整体设计后，我们着手于书刊封面文字、物体等细节的设计。首先我们制作“龙牌”装饰。首先将“龙牌”拖入图中所示位置，按“Ctrl+C+V”复制图层，利用“对象选择工具”对龙牌进行选中，调节前景色为暗灰色，按住“Alt+Delete”进行填充。随后将该图层拖至龙牌图层下方充当阴影，利用“←”箭头调整位置做出投影感觉。

⑮ 随后将上述图层命名为“阴影”图层，接下来选中龙牌图层。双击龙牌图层框空白处打开图层样式添加投影，结构“混合模式：正片叠底；不透明度：75%；角度：90° ；使

用全局光；距离：14 像素；扩展：11%；大小：16 像素”。品质“图层挖空投影”。如图 8.22 所示。

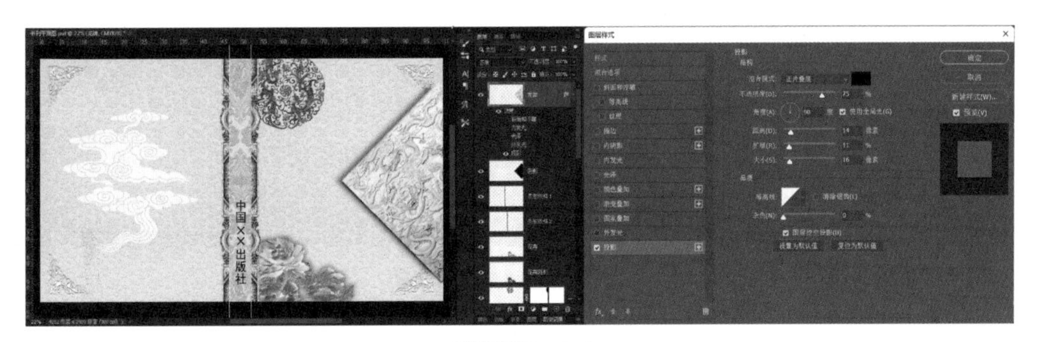

图8.22 龙牌

⑯ 完成上述步骤后，我们将准备好的“锦鲤”放置图中所示位置，随后在中间空白处进行文字填充。文字填充时部分文字大小要调整得有层次感，其文字排版，红色小字“大小：10；字体：黑体”；黑色小字“大小：20；字体：[FZXIANGLJW]”；黑色大字“大小：24.89；字体：[FZXKJW]”。然后再新建图层，在中间输入“华夏”。具体排版如图 8.23 所示。

图8.23 文字物体排版

⑰ 随后我们给“华夏”文字添加效果，选中华夏图层打开“图层样式”，添加“斜面和浮雕”结构“样式：内斜面；方法：平滑；深度：90%；方向：上；大小：3 像素”；阴影“角度：90° ；使用全局光；高度：30° ；高光模式：滤色，白色；不透明度：50%；阴影模式：正片叠底；黑色；不透明度：50%”。

⑱ 随后添加投影结构“混合模式：正片叠底；黑色；不透明度：75%；角度：90° ；使用全局光；距离：5 像素、大小：5 像素”；图层“挖空投影”。具体数据如图 8.24 所示。

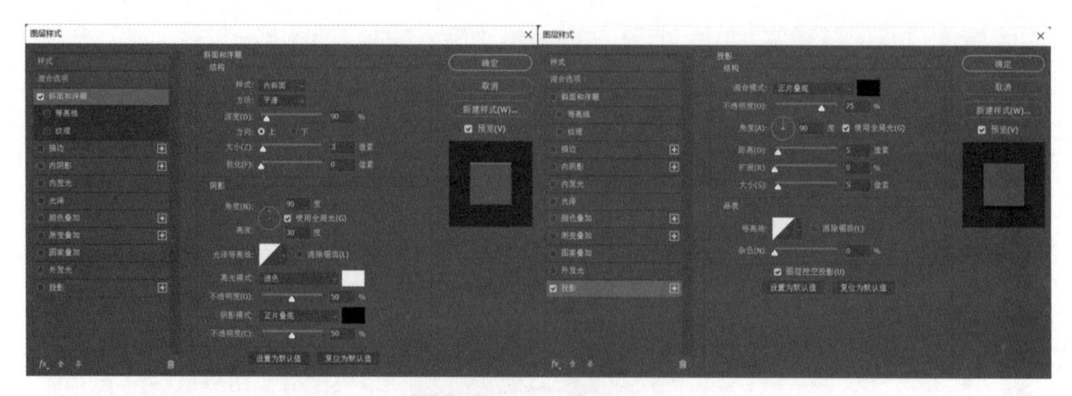

图8.24 华夏文字特效数据

⑲ 添加中国龙特效，将“龙 1”放置如图所示位置，按住“Ctrl+C+V”复制图层命名为“龙 2”，随后按住“Ctrl+T”点击鼠标右键选择“水平翻转”，将其放置于“龙 1”右侧。如图 8.25 所示。

图8.25 龙

⑳ 在龙特效下方添加出版商标志和名称，首先选中文字图层，打开图层样式添加“斜面浮雕”结构“样式：内斜面；方法：平滑；深度：75%；方向：上；大小：63 像素”；阴影“角度：120° ；高度：65° ”；光泽：“等高线：消除锯齿；高光模式：滤色，白色；不透明度：100% ；阴影模式：正常，赭石；不透明度：50%”。具体数据如图 8.26 所示。

图8.26 出版商文字浮雕特效

㉑ 添加等高线。添加描边结构“大小：4 像素；位置：居中；混合模式：正常；不透明度：40%；颜色：灰色”，如图 8.27 所示。

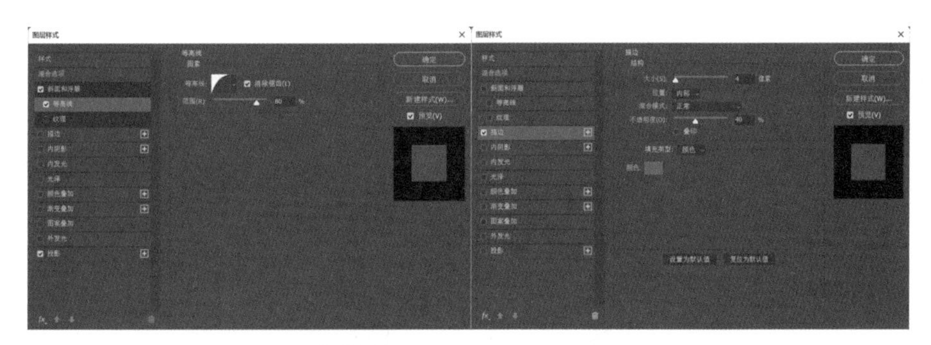

图8.27 出版商文字等高线和描边

㉒ 添加内发光，结构混合“模式：正片叠尾；不透明度：100%；杂色：0%；方式选择：黄色方框”。图素“方法：精确；源：居中；阻塞：0%；大小：250%”；“等高线：消除锯齿；范围：32%；抖动：0%”。

㉓ 添加光泽“混合模式：滤色；不透明度：100%；角度：135° ；距离：83 像素、大小：250 像素；等高线：消除锯齿，反馈”。具体如图 8.28 所示。

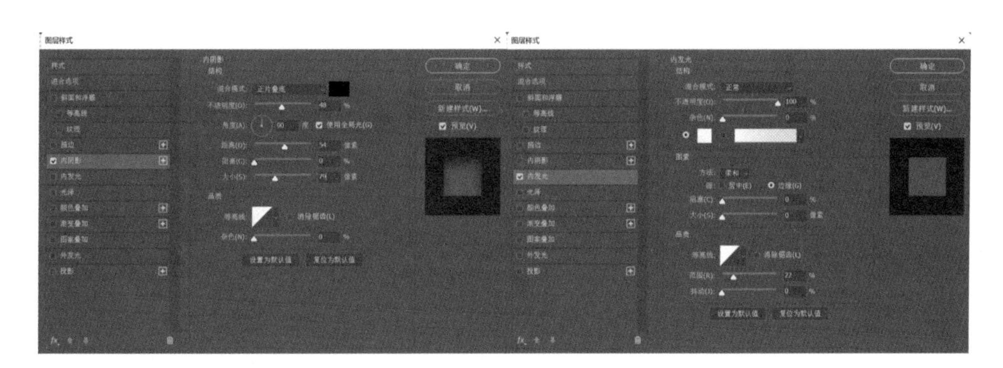

图8.28 内发光、光泽

㉔ 继续添加颜色叠加，颜色“混合模式：正常，黄色；不透明度：100%”。添加投影“混合模式：正片叠底；不透明度：90%；角度：120° ；距离：8 像素；扩展：0%；大小：8 像素”。品质“等高线：消除锯齿；杂色：0%；图层挖空投影”。如图 8.29 所示。

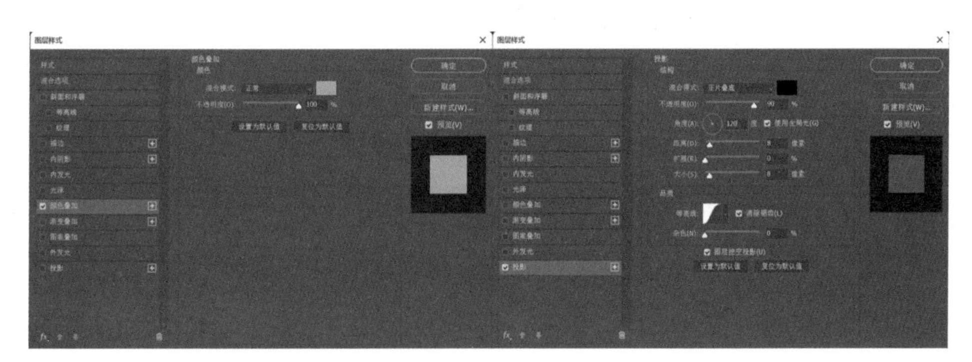

图8.29 颜色叠加、投影

㉕ 添加渐变叠加，渐变“混合模式：滤色；不透明度：100%；渐变：土黄色与黄色交替；样式：与图层对齐；角度：0° ；重置对齐；缩放：100%”，如图 8.30 所示。

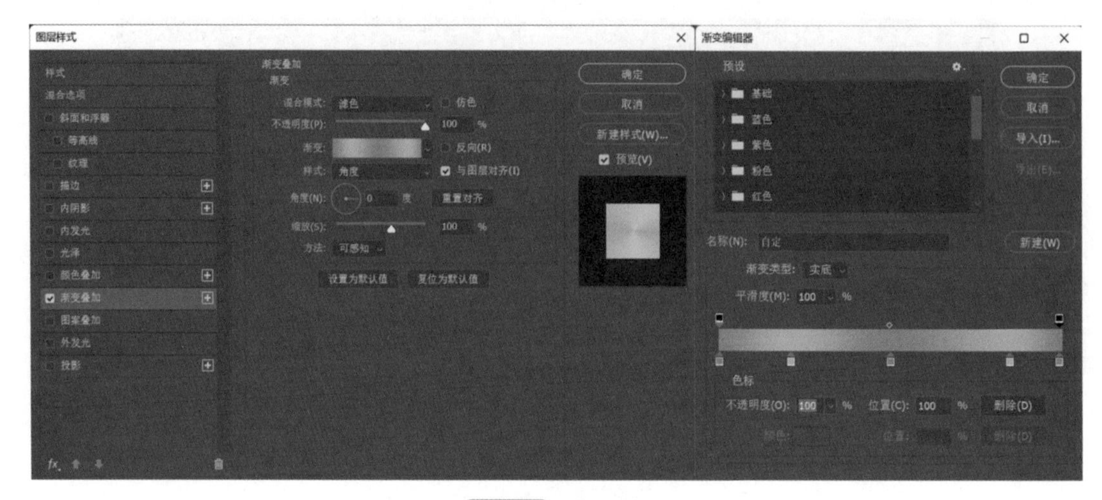

图8.30 渐变叠加

㉖ 将准备好的建筑图片素材放置在书刊封面的左下角，选择“线性加深；不透明度：75%”，如图 8.31 所示。

图8.31 建筑

㉗ 制作如图所示黑色框架，更好地衬托文字、丰富书面层次。首先用矩形选框工具框出如图大小的正方形框架，点击“Alt+Delete”填充黑色。随后添加效果，最后完成效果如图 8.32 所示。

图8.32 框架

㉘ 完成填充后对框架进行调整，打开图层样式添加“斜面和浮雕”，结构“样式：内斜面；方法：平滑；深度：100%；方向：下；大小：13 像素；软化：0 像素”。阴影“角度：90°；高度：30°；消除锯齿；高光模式：正常，白色；不透明度：75%；阴影模式：正片叠底，黑色；不透明度：75%”。

㉙ 添加描边结构“大小：13 像素；位置：内部；混合模式：强光；不透明度：80%；颜色：白色”。具体数据如图 8.33 所示。

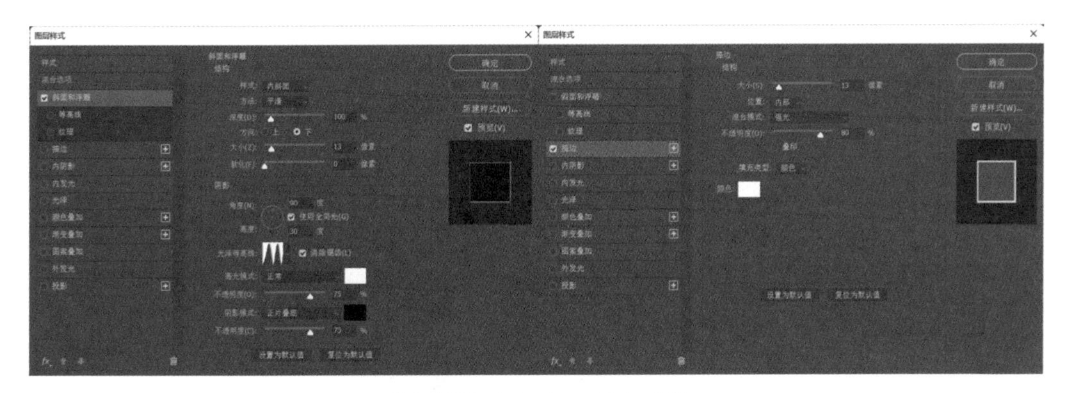

图8.33 框架斜面和浮雕、描边

㉚ 添加内阴影，结构“混合模式：正片叠底，黑色；不透明度：75%；角度：90°；使用全局光；距离：21 像素；阻塞：0%；大小：204 像素；消除锯齿；杂色：82%”。

㉛ 添加光泽“混合模式：正片叠底，灰色；不透明度：50%；角度：19°；距离：67 像素；大小：54 像素；等高线：反向”。具体数据如图 8.34 所示。

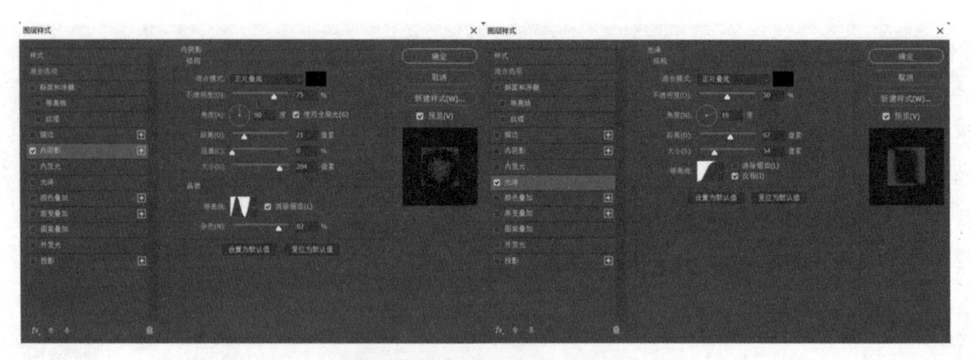

图8.34 框架内阴影、光泽

㉜ 添加投影，结构“混合模式：正片叠底；不透明度：50%；角度：90° ；使用全局光；距离：21 像素；扩展：5%；大小：21 像素；图层挖空投影”。如图 8.35 所示。

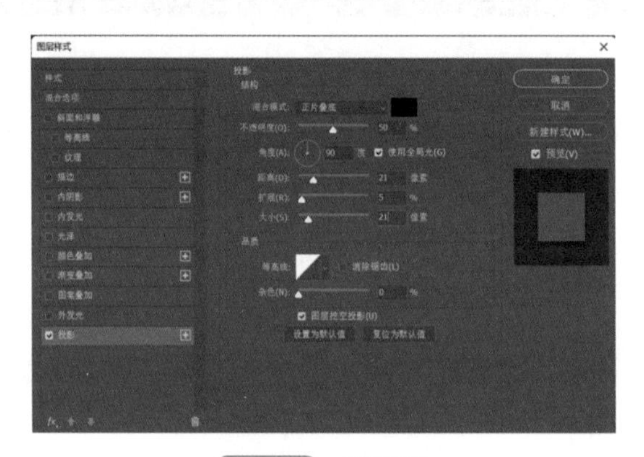

图8.35 框架投影

㉝ 我们在制作的黑色背景框架上方进行文字布局，用横排文字工具进行填充，输入“健康美食”。“字体：[FZL2FW]、上下行间距：41.47；左右间距：300”。具体数据如图 8.36 所示。

图8.36 健康美食

㉞ 打开图层样式，添加斜面和浮雕，结构“样式：内斜面；方法：平滑；深度：200%；方向：上；大小：125 像素；软化：0 像素”。阴影“角度：90°；使用全局光；高度：30°；等高线：消除锯齿；高光模式：强光，白色；不透明度：100%；阴影模式：正片叠底、藏蓝色；不透明度：20%”。

㉟ 添加等高线，图素“等高线：消除锯齿；范围：100%”。具体数据如图 8.37 所示。

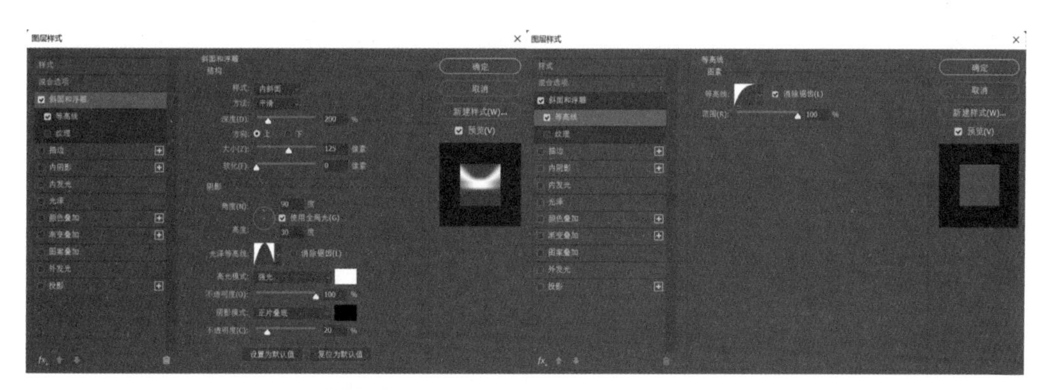

图8.37 健康美食斜面和浮雕、等高线（一）

㊱ 添加内阴影，结构“混合模式：正片叠底，黑色；不透明度：48%；角度：90°；使用全局光；距离：54 像素；阻塞：0%；大小：79 像素；杂色：0%”。

㊲ 添加内发光，结构“混合模式：正常；不透明度：100%；杂色：0%；白色方框”。图素“方法：柔和；源：边缘；阻塞：0%；大小：0 像素；等高线：消除锯齿；范围：22%；抖动：0%”。具体数据如图 8.38 所示。

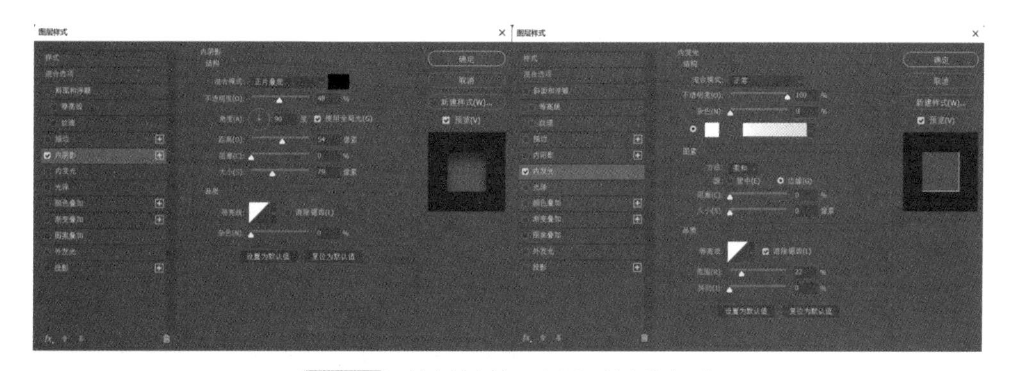

图8.38 健康美食斜面和浮雕、等高线（二）

㊳ 添加光泽效果，结构“混合模式：正片叠底，灰色；不透明度：15%；角度：120°；距离：250 像素；大小：250 像素；等高线：消除锯齿”。

㊴ 进行颜色叠加，颜色“混合模式：正常，银灰色；不透明度：75%”。具体数据如图 8.39 所示。

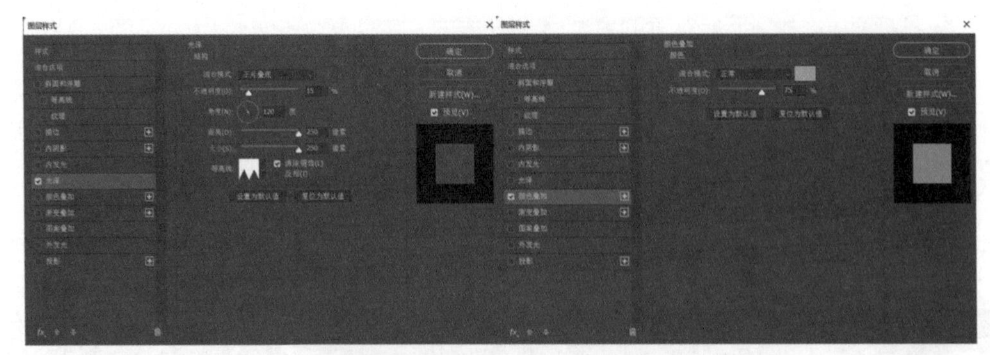

图8.39 健康美食光泽效果和颜色叠加

㊵ 进行渐变叠加，渐变“混合模式：正常；不透明度：100%；渐变：左右上端点；不透明度：100%，下端颜色：银灰色与白色交替填充；样式：线性，与图层对齐；角度：120°；重置对齐；缩放：52%”。具体数据如图 8.40 所示。

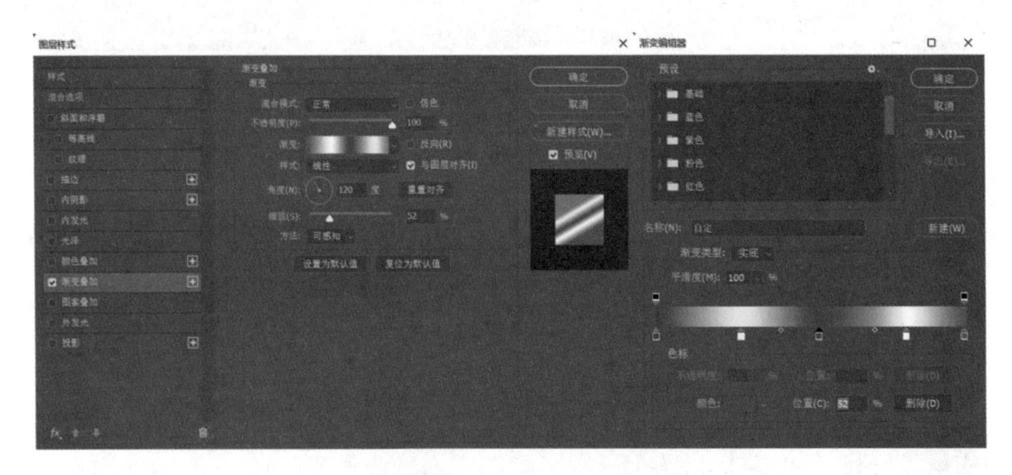

图8.40 健康美食渐变叠加

㊶添加投影，结构“混合模式：正常，黑色；不透明度：75%；角度：90°；使用全局光；距离：13 像素；扩展：3%；大小：13 像素；杂色：0%；图层挖空投影”。具体数据如图 8.41 所示。

图8.41 健康美食投影

㊷ 在龙牌上添加事先准备好的菜谱字样，随后对其添加效果使其更加立体，丰富画面。完成稿如图 8.42 所示。

图8.42 菜谱

㊸ 点击“菜谱”图层打开图层样式，添加斜面和浮雕结构“样式：内斜面；方法：平滑；深度：100%；方向：上；大小：5 像素；软化：0 像素”。阴影“角度：90° ；使用全局光；高度 30° ；高光模式：滤色，白色；不透明度：75%；阴影模式：正片叠底，赭石；不透明度：75%”。

㊹ 添加投影，结构“混合模式：正片叠底；不透明度：75%；角度：90° ；使用全局光；距离：30 像素；扩展：20%；大小：5 像素”。具体数据如图 8.43 所示。

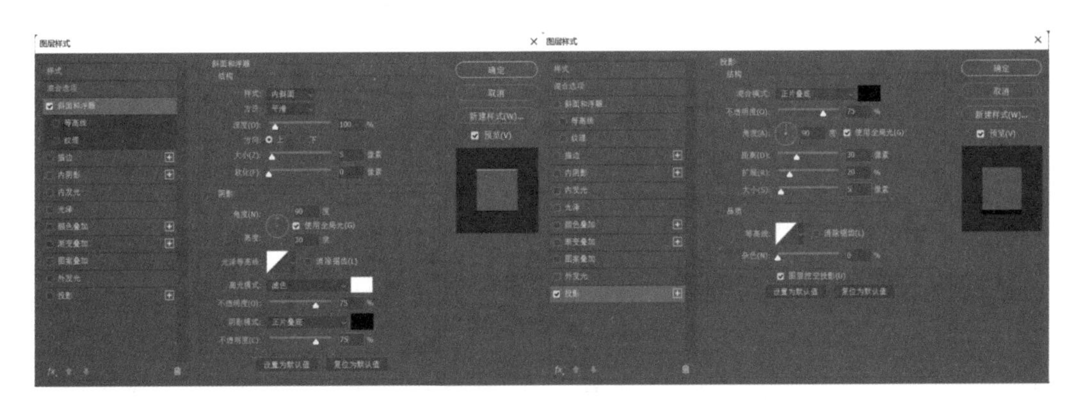

图8.43 菜谱斜面和浮雕、投影

㊺ 修改后的“菜谱”如图 8.44 所示。

图8.44 菜谱完成稿

㊻ 将准备好的盘子形纹样拖入图示位置，进行主题塑造和立体效果塑造。如图 8.45 所示。

图8.45 盘子形纹样

㊼ 给盘子形纹样添加投影，增加立体感及光感。打开盘子形状文案的图层样式，增加投影，结构“混合模式：正片叠底；黑色；不透明度：75%；角度：90°；使用全局光；距离：9 像素；扩展 26%；大小：79 像素；图层挖空投影”。具体数据如图 8.46 所示。

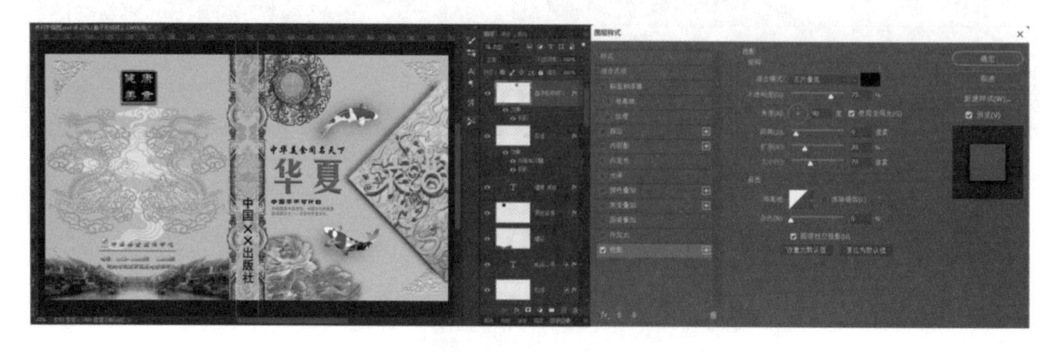

图8.46 盘子投影

㊽ 在盘子中打入文字“食”并给其添加效果，打开图层样式添加“斜面和浮雕”，结构“样式：枕状浮雕；方法：雕刻清晰；深度：241；方向：上；大小：10 像素”。阴影“角度：90° ；使用全局光；高度：30° 、高光模式：滤色，白色；不透明度：75%；阴影模式：正片叠底，黑色；不透明度：75%”。具体数据如图 8.47 所示，处理后效果如图 8.48 所示。

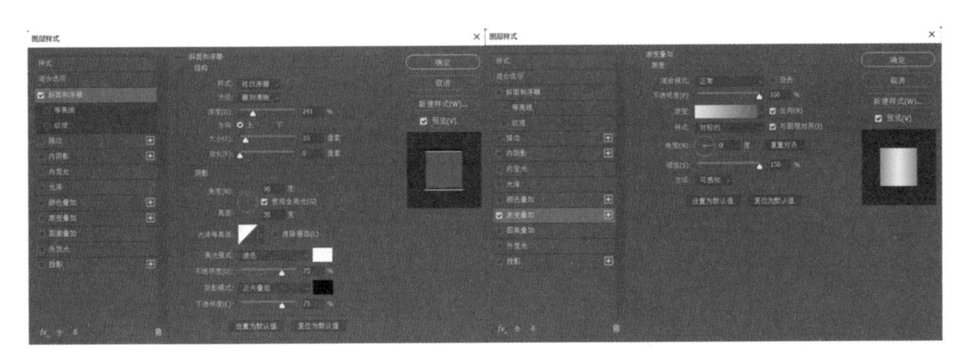

图8.47 “食”文字特效

图8.48 食

㊾ 将准备好的“华夏菜谱”放置于图中书脊部位。随后将准备好的“华夏菜谱阴影”重叠于“华夏菜谱”，将“华夏菜谱阴影”图层放置于其下。具体效果如图 8.49 所示。

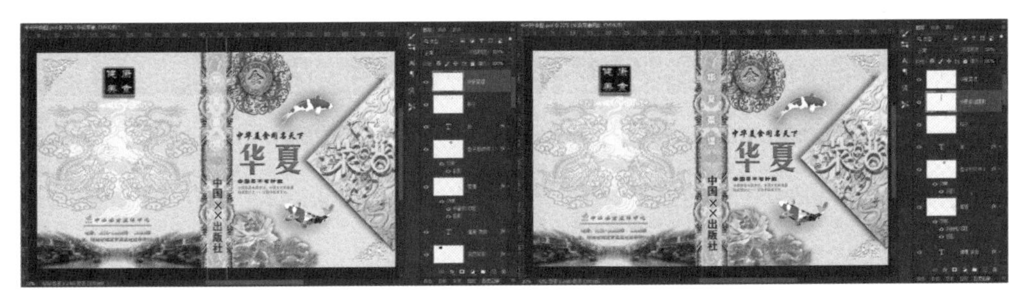

图8.49 “华夏食谱”

⑩ 将准备好的装饰素材依次放置于图中所示位置，具体如图 8.50 所示。

图8.50 “华表”“印章”

⑪ 在“华表”下添加拼音装饰“ZHONGHUAQING”，“字体：[FDZBSJW]、字体大小：15.27 点；上下行间距：25.46 点”。具体如图 8.51 所示。随后利用艺术字“字体：书法仿米芾体；大小：36.5 点”，将“华情”文字输入至拼音上方。具体如图 8.52 所示。

图8.51 拼音装饰

⑫ 最后在“华情”前方单独添加“中”字，“字体：书法仿米芾体；大小：81.62 点”。具体如图 8.53 所示。

图8.52 文字装饰

图8.53 华夏食谱

㊿完成书刊封面制作后，我们继续制作立体书刊。首先建立“宽度：2408 像素；高度：1770 像素；分辨率：300dpi”的剪切板如图 8.54 所示。

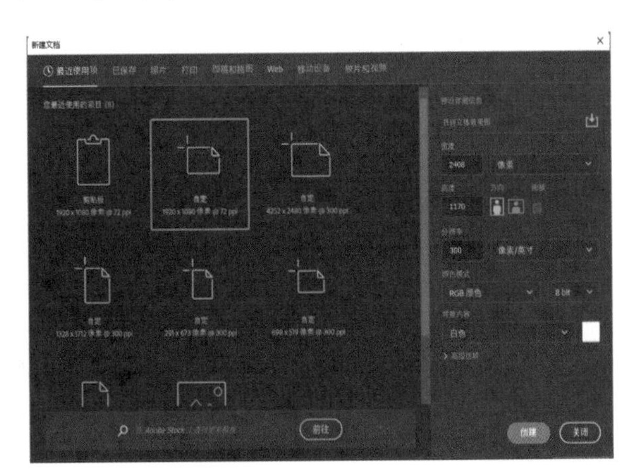

图8.54 剪切板

⑭ 将准备好的书刊封面带入剪切板中，随后建立新图层，将新图层放置书刊封面下，制作整书投影。利用“多边形套索工具”框出选区。用“Alt+Delete”填充黑色，添加“矢量蒙版；不透明度：50%”，如图进行涂抹。具体步骤如图 8.55 所示。

图8.55 书刊背景

⑮ 随后利用“多边形套索工具”添加“封底厚度、封底、内页”。具体如图 8.56 所示。添加内页如图 8.57 所示。

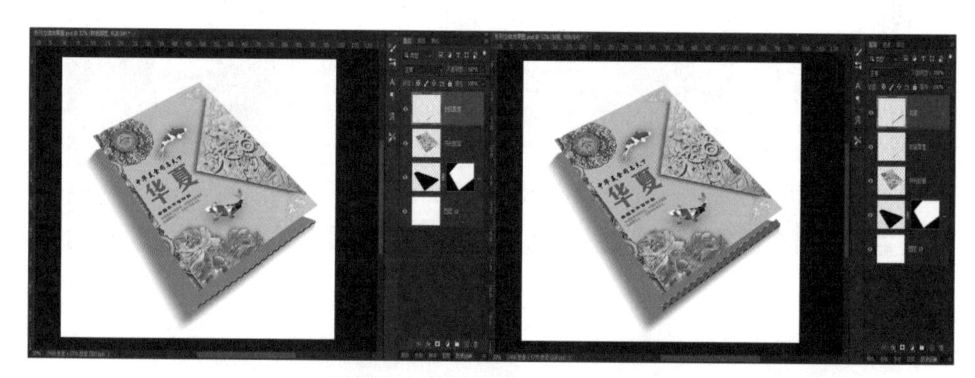

图8.56 添加封底厚度、封底、内页

图8.57 添加内页

㊱ 随后添加书脊和书脊厚度，书脊厚度仍用“多边形套索工具”，完成后如图 8.58 所示。

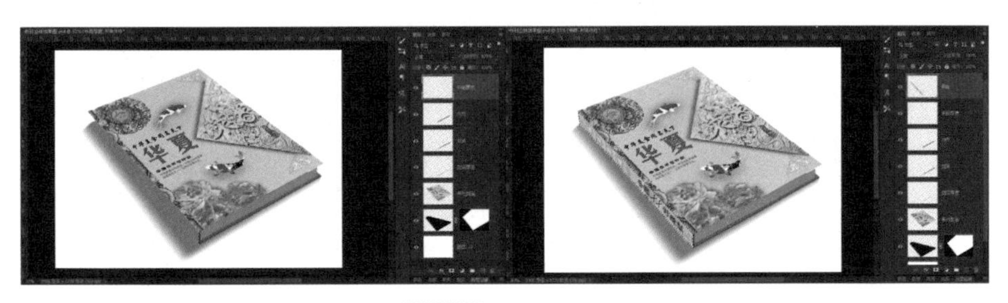

图8.58 书脊、厚度

㊲ 利用“多边形套索工具”在书脊上方，点击“Alt+Delete”填充黑色阴影，选择“正片叠底；不透明度：50%”。如图 8.59 所示。

图8.59 书脊阴影

㊳ 利用同样的方法制造书槽亮部和暗部区域，利用“多边形套索工具”，亮部“填充：白色；不透明度：50%”添加“矢量蒙版；不透明度：50%”，利用橡皮工具进行涂抹。

㊴ 暗部“填充：黑色；不透明度：50%”添加“矢量蒙版”暗部“填充：黑色；不透明度：50%”，添加“矢量蒙版”，利用橡皮工具进行涂抹，如图 8.60 所示。

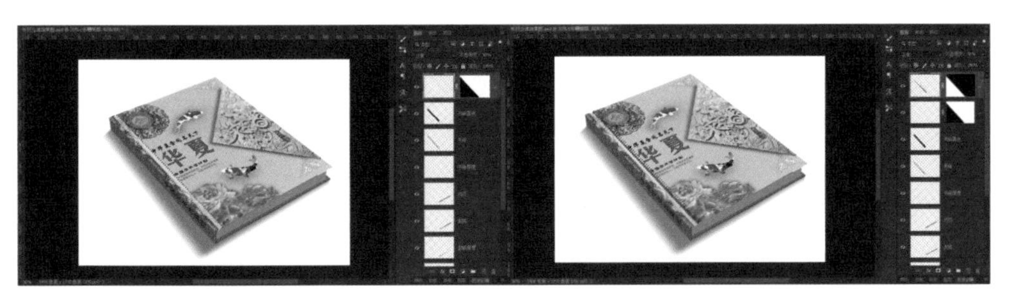

图8.60 书槽

⑥⓪ 利用“多边形套索工具”给书刊封面添加厚度，如图 8.61 所示。

图8.61 封面厚度

⑥① 最后得到《华夏菜谱》立体图，如图 8.62 所示。

图8.62 《华夏菜谱》立体图

技巧点拨

本次书刊封面制作步骤繁杂，涉及领域广，对初学者有一定难度。在制作书刊封面时注意题材与书刊封面的关联性，及书刊封面背景颜色与内容本身的深层次联系。比如暖色调给人平稳缓和、增加食欲的效果；冷色调给人凉爽、难以下咽的效果。这次以“菜谱”为主题制作书刊封面，背景就利用暖色调（黄色）激发使用者的食欲，做到更好地自我推销。

书刊立体效果图最容易忽略书槽，以及通光源下的影子、暗部和厚度。平面书刊封面设计容易忽略结构而一味添加效果。

09

第 9 章

Photoshop 2022 视觉效果处理在工业设计中的应用实例

【本章导读】

本章主要讲解的内容是利用 Photoshop 2022 进行工业设计制作，以及利用多种素材合成出真实有用的平面工业设计图。

本章主要学习以下内容：

- 学习包装设计制作实例
- 学习文娱产品设计制作实例
- 学习家具设计制作实例

9.1 包装设计制作实例

包装设计制作涉及商业宣传和具体实用两方面，我们先展示这次包装设计学习成品图，如图 9.1 所示，供大家构思和想象。

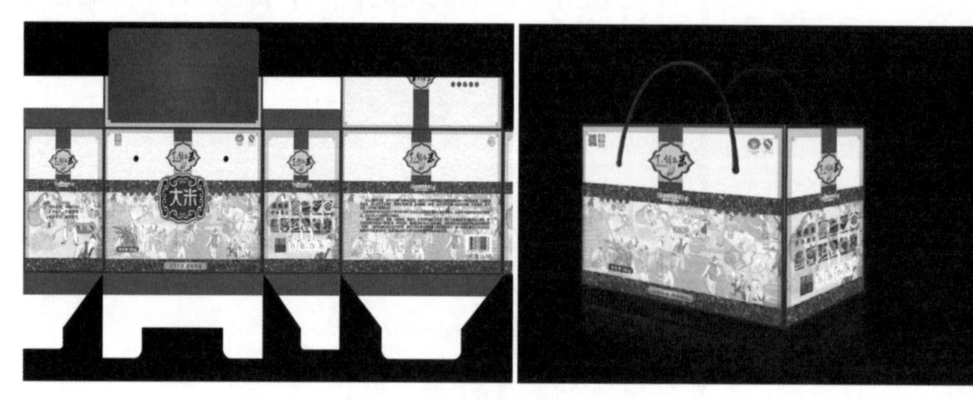

图9.1 设计成品

① 打开 Photoshop 2022，新建文档“云南红米”,“宽度 10181 像素；高度：5575 像素；分辨率 300dpi”如图 9.2 所示。

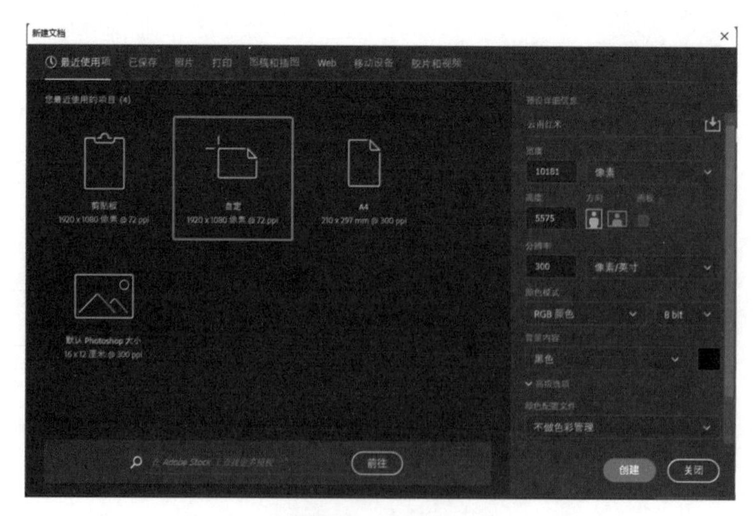

图9.2 剪切板数值

② 随后进行模板初构，建立辅助线，宽度为 8.5、16、22.5、24、32.5、49、65、73.5、75、81.5、88、89.5、98， 高 度 为 15、24、29.5、32、70、76、85、91、93.5。然后按“Alt+Delete”给大背景填充黑色，在中间位置填充白色背景，如图 9.3 所示。

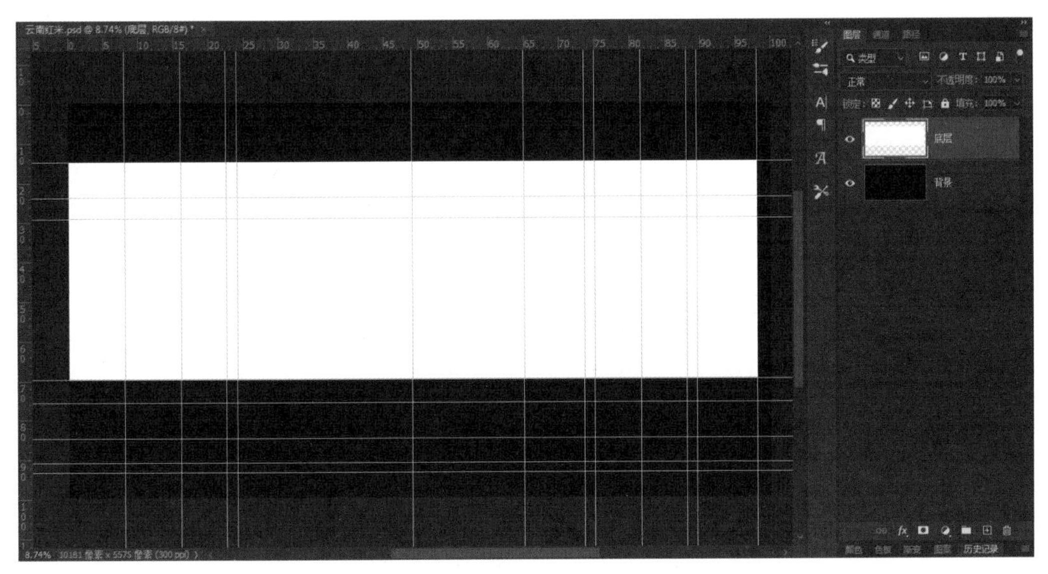

图9.3 初步构图

③ 随后利用多边形索套工具制作不规则折页礼盒卡槽。建立新选区，利用多边形套索工具制作折页形状，按“Ctrl+Delete”填充白色底板颜色。随后利用“钢笔工具”制作出圆弧状钢笔路径，点击“路径”“下方路径转换”，形成一角圆润的折页。具体操作如图 9.4 所示。

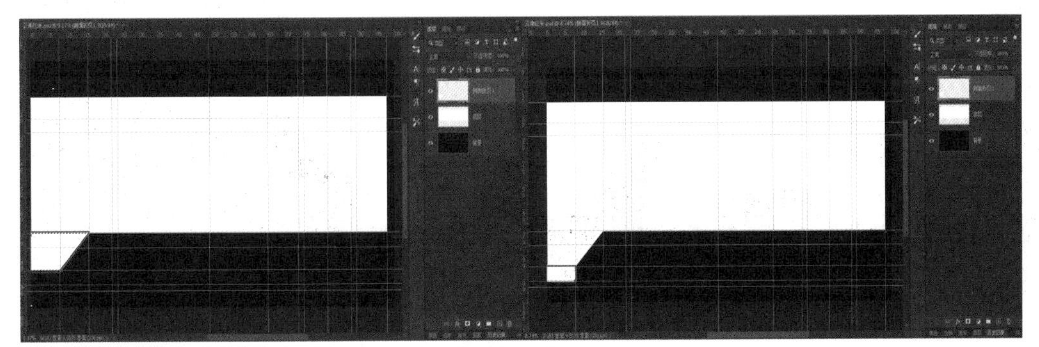

图9.4 制作折页

④ 随后按照上述步骤继续制作“正面、侧面、背面的折页”，制作完成后将所有折页图层进行“合层”，具体完成效果如图 9.5 所示。

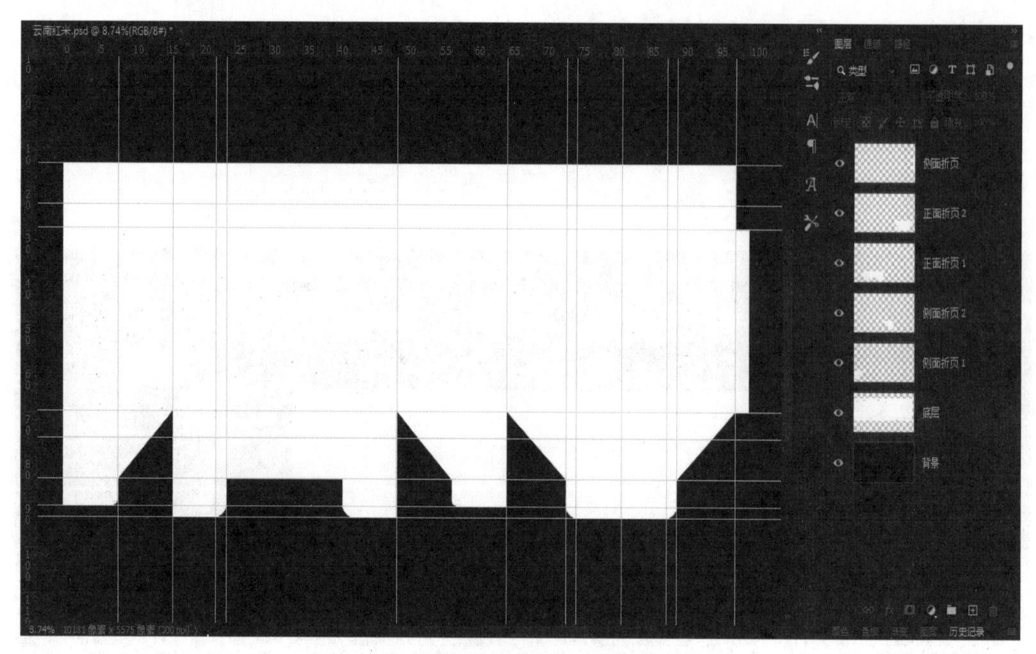

图9.5 背景折页

⑤ 随后给“折页部分”进行颜色填充，先用选区工具制作选区，将需要填充颜色的“折页部分”选中，随后按 Ctrl+C+V 复制图层，具体步骤如图 9.6 所示。

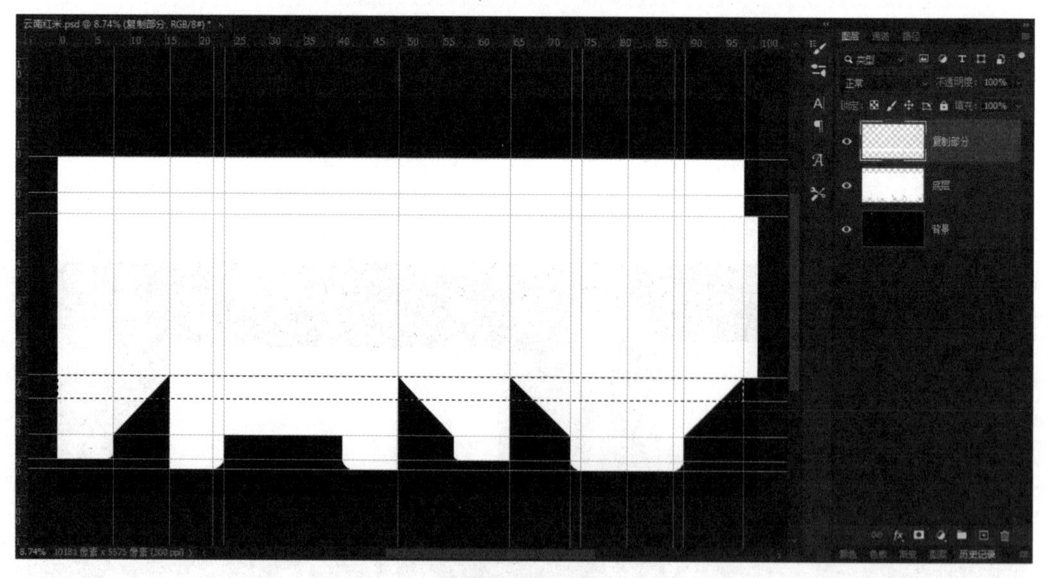

图9.6 复制图层

⑥ 利用“对象选择工具”选中复制的“白色背景板”，随后选择朱红色进行填充。完成上述步骤后进行合层，如图 9.7 所示。

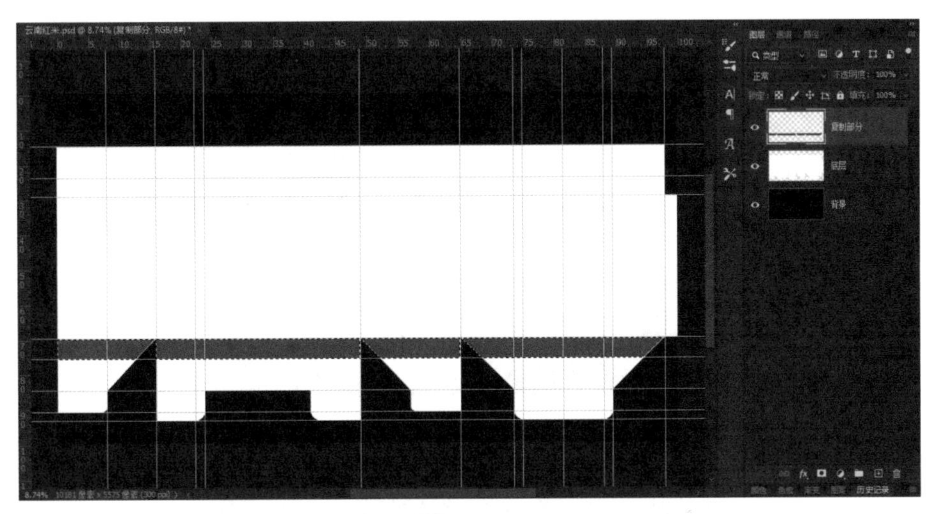

图9.7 填充颜色

⑦ 随后将准备好的“包装宣传图”拖入图中正视图区域，随后按“Ctrl+C+V”复制一层放到后视图区域。具体如图 9.8 所示。

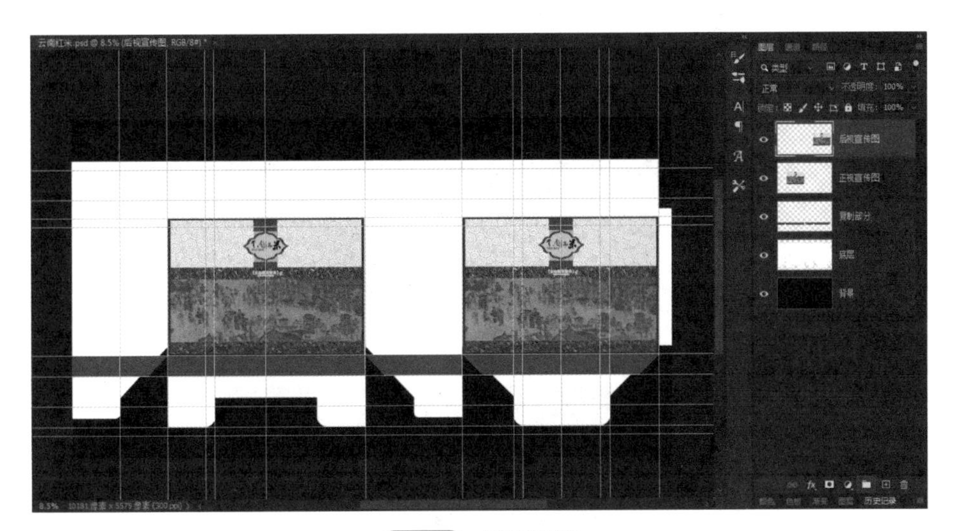

图9.8 包装宣传图

⑧ 完成上述操作后我们制作“侧视宣传图”。首先我们在“右侧图层区域”建立新的“图层组”，命名为“侧视图组 1”，随后将准备好的“人物底图”拖入其中，利用“钢笔工具”在正视宣传图中将“云南红米”宣传字牌紧密框起，转换为选区，随后按“Ctrl+C+V”复制图层，将其命名为“云南红米”，随后放置在“人物底层”上方。

⑨ 利用“多边形套索工具”按住“Shift”框出边框形状制作“侧面边框”，随后选取“红色”填充并更改其“不透明度：20%”，命名为“边框红底”。如图 9.9 所示。

⑩ 随后复制“侧视图组 1”，命名为“侧视图组 2”，放置于左侧侧视图区域。具体如图 9.10 所示。

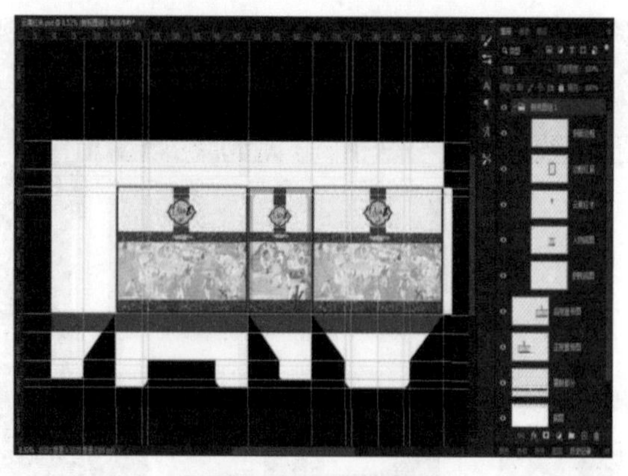

图9.9 侧视包装图设计

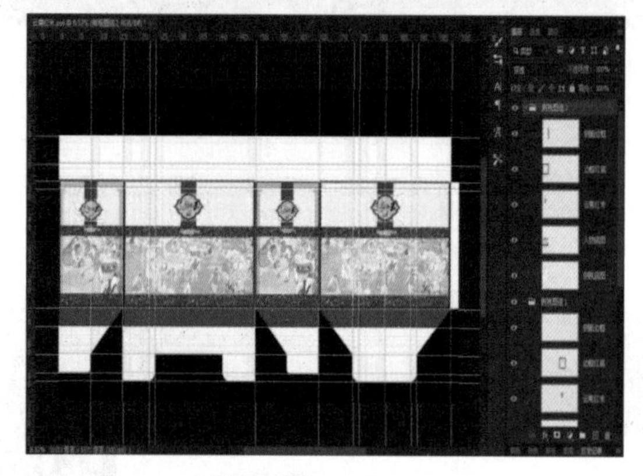

图9.10 侧视图组2

⑪ 随后继续填充折页的部分颜色，利用选区工具进行选择，随后填充下方一样的红色。具体如图 9.11 所示。

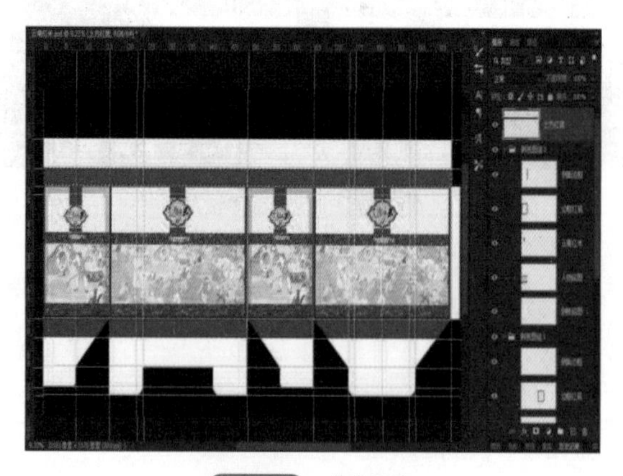

图9.11 上方红底

⑫ 将准备好的“上视图 1”素材拖至正视图上方，随后利用“多边形套索工具”沿着边框凸起形状制作选区，填充图 9.7 所示的红色。最后复制“上视图 1”素材至“后视图”上方。具体如图 9.12 所示。

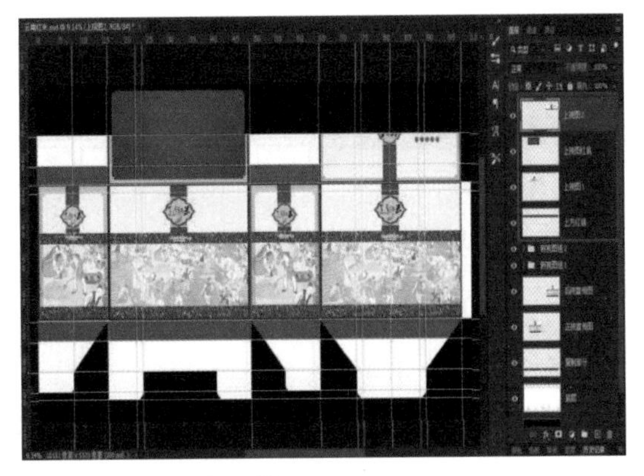

图9.12 上视图折页制作

⑬ 完成上述步骤后我们利用“矩形选框工具”在“侧视图组 1”中框取同“右侧折页黏合处”相同大小的视图，随后将其放置于“侧视图组 1”中，具体如图 9.13 所示。

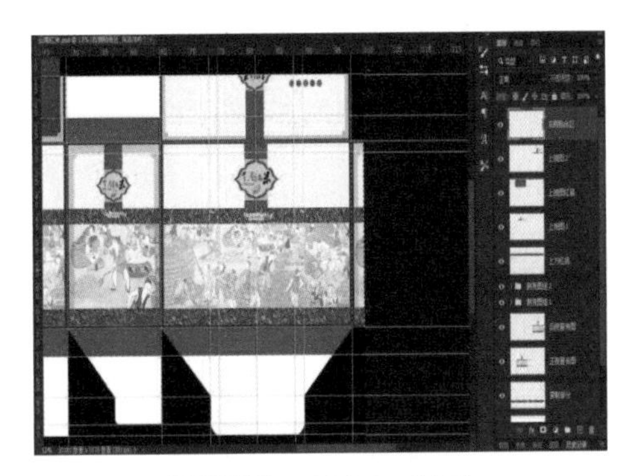

图9.13 右侧折页黏合处

⑭ 随后建立“上视图”组，将上述图层步骤放置其中，具体如图 9.14 所示。

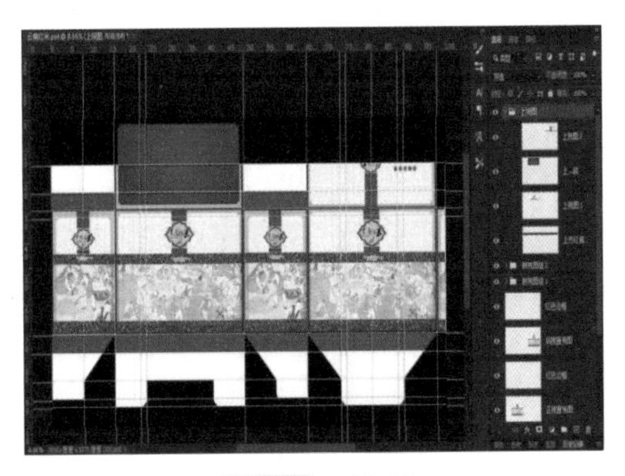

图9.14 上视图

⑮ 完成上述底稿设计后，我们继续添加文字装饰和产品标识，建立“后视宣传图细节”组，随后将准备好的“注意事项图标、健康产品标识、条形码、文字介绍”加入其中。文字

介绍的文字为黑体、大小 13 点、状态平滑、对齐方式胀满，具体如图 9.15 所示。

图9.15 后视宣传图细节

⑯ 随后填充侧视图的图片、文字细节。建立“右侧视图装饰”组，随后将准备好的图片放置于如图 9.16 所示位置。

图9.16 右侧视图装饰

⑰ 建立“正视字牌装饰”组，利用“钢笔工具”做出如图 9.17 所示文字背景，随后将“路径”转换成“选区”，填充渐变颜色“两边橙色；不透明度: 100%”。利用“钢笔工具”照原来形状缩小制作“路径”，随后转换成选区进行“描边”，描边“宽度: 3；居中”。最后在里面输入文字“字体：黑体；大小: 20 点；平滑；颜色：红色”。具体如图 9.17 所示。

图9.17　正视字牌装饰

⑱ 将准备好的质量图标放至图 9.18 所示位置，利用“椭圆选框工具”在中线区域制作选区，随后填充橙色，利用缩小“椭圆选框工具”在填充内部制作“红色描边”选区，随后单击描边“宽度：2 像素；颜色：红色；状态：居中”。做连续五个圆形底板，按图 9.18 所示排列，随后按“Ctrl+C+V”复制该图层。最后输入宣传文字，控制好文字间距和大小即可。

图9.18　圆形装饰

⑲ 随后将相关图标拖入图中，放置于图 9.19 所示位置，利用“椭圆选框工具”在如图所示位置填充“黑色”，充当手提绳穿孔固定处。

图9.19 提绳穿孔固定处

⑳ 完成上述步骤后，正面仍缺少较大的装饰物，我们将准备好的“名牌装饰 1”拖入图中所示位置，按“Ctrl+T”进行大小调节，如图 9.20 所示。(接下来所有名牌装饰图案为钢笔工具手绘，如果感觉较为简单可以尝试手绘。)

图9.20 名牌装饰1

㉑ 随后将“名牌装饰 2”拖至“名牌装饰 1”上方并缩小，使其略小于“名牌装饰 1”，随后给其添加“内发光”。打开图层样式“内发光混合模式：滤色；不透明度：75%；滤色：0%；红色方块”图素“方法：柔和；源：边缘；阻塞：0%；大小：44 像素”，“品质范围：50%”。具体如图 9.21 所示。

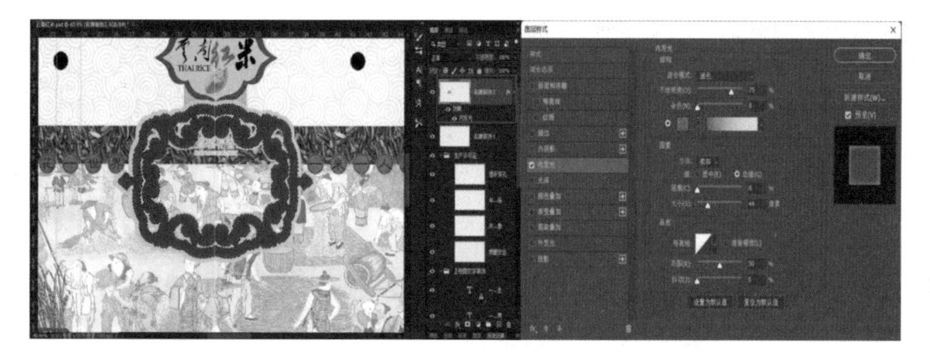

图9.21 名牌装饰2

㉒ 随后对照空隙将“名牌装饰 3”放至如图 9.22 所示位置，打开图层样式添加“内发光”，“结构混合模式：正常；不透明度：75%；杂色：3%；颜色：酒红色方块”图素“方法：柔和；源：边缘；阻塞：6% ；大小：15 像素”，“品质范围：50%”。

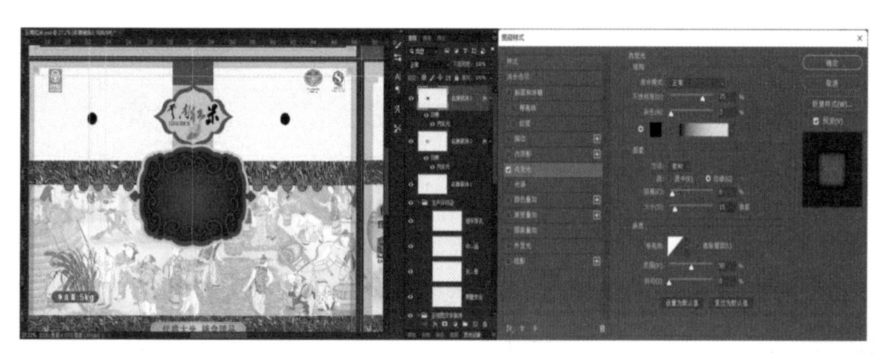

图9.22 名牌装饰3

㉓ 随后添加“名牌装饰 4”和“名牌装饰文字”，并给“名牌装饰文字”添加斜面和浮雕、投影。打开图层样式添加斜面和浮雕，“结构样式：枕状浮雕；方法：平滑；深度：890% ；方向：上；大小：18 像素；软化：0 像素”，阴影“角度：90° ；使用全局光；高度：30° ；光泽等高线；”如图 9.23 所示，“高光模式：滤色；不透明度：82% ；阴影模式：正片叠底；红色；不透明度：64%”。添加投影，“结构混合模式：正常；黑色；不透明度：75% ；角度：90° ；使用全局光；距离：10 像素；扩展：0%；大小：18 像素”，“品质等高线；杂色：0%；图层挖空投影”，如图 9.23 所示。随后得到如图 9.24 所示效果。

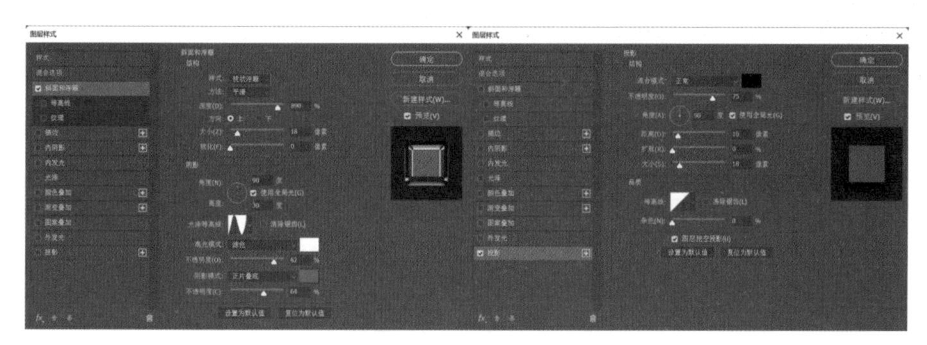

图9.23 添加图层样式

图9.24 大米

㉔ 最后在左侧视图添加“文字简介”组，“公司名称”“字体：微软雅黑；大小 :11.14 点；状态：锐利”，“地址等具体信息”“字体：微软雅黑；大小 :5.54 点；状态：锐利”，随后将准备好的“功能文字”拖入图 9.25 所示位置。

图9.25 文字简介

㉕ 最后完成效果如图 9.26 所示。

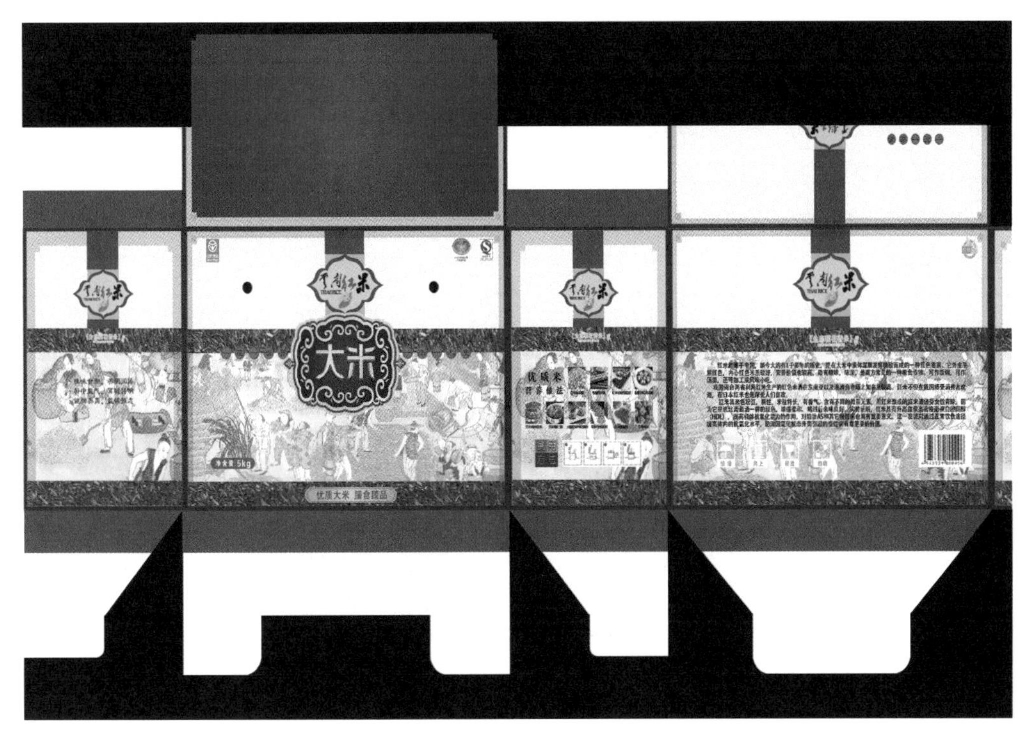

图9.26 最终效果

技巧点拨

① 包装标签，包装标签通常是指附着或系挂在产品推广包装上的文字内容、几何图形、木工雕刻及印刷厂印刷的说明。

② 包装标识，主要有运输标识、指示性标识、警告性标识三种。

③ 设计构思，在设计艺术创作中很难制订固定的设计构思方法和设计构思程序。

创作多是由不成熟到成熟的，在这一过程中肯定一些或否定一些、修改一些或补充一些，是正常的现象。构思的核心在于表现什么和如何表现。回答这两个问题即要解决以下四点：主要表现重点、主要表现角度、艺术表现手法和表达形式。如同作战一样，重点是攻击目标，角度是突破口，手法是战术，形式则是武器，其中任何一个重要环节处理不好都会前功尽弃。

9.2 文娱产品设计制作实例

一个优秀的文创产品，应既具有产品实用功能性，又蕴含丰富的精神文化，能够带给人生活的便利与文化的认同归属感。因而，景区文娱产品设计也逐步成为景区营销重要的载体。

接下来我们以文娱手机壳为实例，讲述文娱产品手机壳的制作过程。文娱手机壳案例如图 9.27 所示。

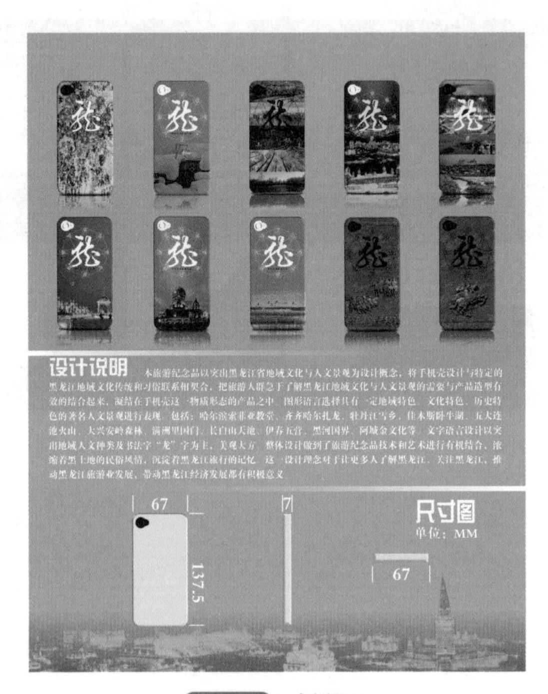

图9.27 案例展示

① 首先建立“名称：冰雪手机壳；宽度：1240 像素；高度：1754 像素；分辨率：300dpi”，具体数据如图 9.28 所示。

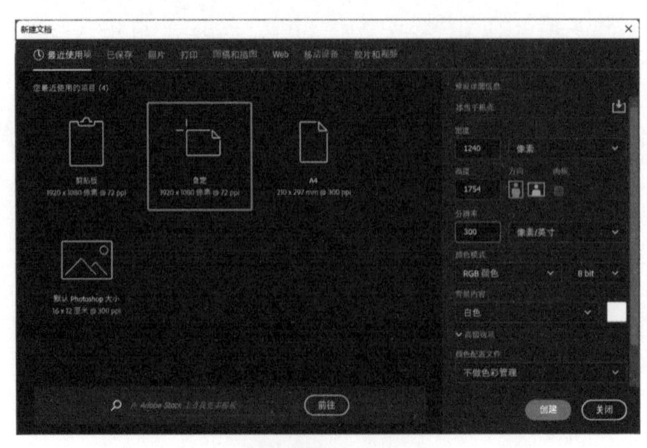

图9.28 文档数据

② 随后利用辅助线框出手机壳整体位置，方便我们做底板时控制大小和位置。辅助线具体数值为高度 11、89；宽度 21.9、77.9。随后添加“模板 1”图层，利用“钢笔工具”制作路径，“钢笔工具”在调节路径时点击“Alt+ 辅助点”进行路径曲度调节。完成手机壳路径后点击“路径”+“路径转换选区”完成手机壳选区制作。具体如图 9.29 所示。

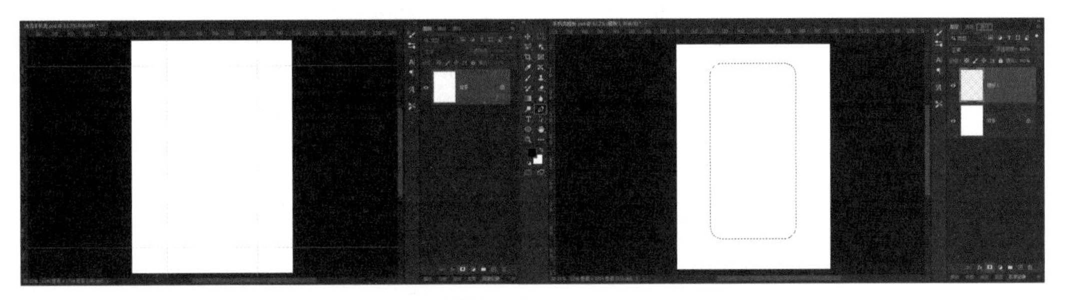

图9.29 底板选区

③ 更改背景色为银灰色，按“Ctrl+Delete”填充底色，随后利用“钢笔工具”或“圆形套索工具”将手机摄像头位置删除，预留出摄像头位置。

④ 然后添加图层样式“斜面和浮雕、等高线”。斜面和浮雕“样式：浮雕效果；方法：雕刻清晰；深度：147%；方向：上；大小：38 像素；软化：10 像素”，阴影“角度：0°；高度 45°”；光泽等高线如图 9.30 所示；“高光模式：颜色减淡；白色；不透明度：50%；阴影模式：正片叠底；黑色，不透明度：0%”。具体如图 9.30 所示。

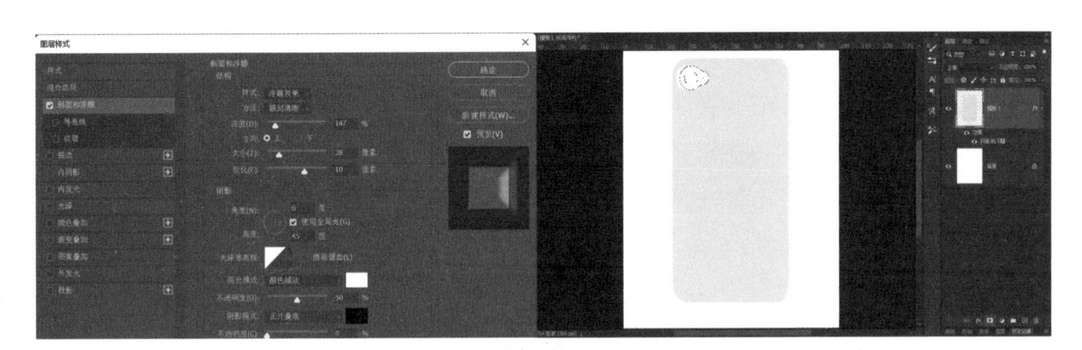

图9.30 模板1效果

⑤ 随后将准备好的模板素材导入，放置在手机壳靠下部分，命名为“雪地”，点击“Alt+Ctrl+G”进行剪切蒙版，随后使用矩形工具在“雪地”图层中截取月亮以上天空部分，按“Ctrl+T”进行拉伸，将复制的图层拉伸到覆盖手机壳空余部分为止，随后添加剪切蒙版，具体如图 9.31 所示。

⑥ 随后将准备好的文字素材“龙”和“文化宣传”图案拖入其中，具体位置如图 9.32 所示。

图9.31 添加剪切蒙版

图9.32 添加装饰

⑦ 选择“雪地”图层，利用“矩形选框工具”截取素材下半部分。点击“Ctrl+C+V”复制图层，命名为“投影”，随后将投影图层拖拽到所有图层最上方，按“Alt+Ctrl+G”取消剪切蒙版效果，按“Ctrl+T、鼠标右键”选择“垂直翻转”，随后将投影拖拽到如图9.33所示位置。

⑧ 调节图层，模式为正片叠底、不透明度74%，随后添加图层蒙版。利用橡皮“流量：50%；不透明度：45%”在图层蒙版最底端进行涂抹，直至到达投影渐变消失位置。橡皮涂抹时若拿不准涂抹的量，可将流量、不透明度调至低值进行涂抹，涂抹时可按住“Shift”保证涂抹于一条直线。具体效果如图9.33所示。

图9.33 投影

⑨ 建立新图层“命名：暗部”，选择“画笔：柔边圆；大小：50；流量：60%；颜色：黑色”随后在手机壳下边缘按住“Shift”进行涂抹，完成后调节图层“不透明度：62%”，最后使用模糊工具在暗部两边进行虚化。效果如图 9.34 所示。

图9.34 暗部

⑩ 完成暗部后继续做暗部的影子。创建新图层命名为“影子”，随后利用“画笔”在图 9.35 所示分界线位置添加阴影，“大小：50；不透明度：100%；流量：100%”。具体涂抹步骤与图 9.33 相同，完成后效果如图 9.35 所示。

图9.35 影子

⑪ 最后完成效果如图 9.36 所示。

图9.36 冰雪手机壳

技巧点拨

现代文娱类产品设计应和传统文化加以融合。在产品设计领域中通常关注的是市场定位、材料、工艺、功能、成本、人机界面等所谓在“器”这个层面的问题，但也要思考表象下所隐含的文化关联体系问题，在体现时代精神的同时，摆正传统文化在文创产品设计中的位置，做到娱乐产品推动文化传播、文化传播助力娱乐产品销量。

在本章制作中需要注意所做的文娱类手机壳的长宽比例、剪切蒙版的应用以及对图层样式的应用和投影数值的把握。

9.3 家具设计制作实例

家具设计是设计行业较大的产业支柱，且在家具设计行业中定制家具设计逐渐取代传统家具设计，这也对设计师的设计方案和设计制作能力提出极高要求。本节我们以定制衣柜为例，逐步讲解衣柜家具设计。

① 首先建立文档“家具设计制作实例”，“宽度：750 像素；高度：1134 像素；分辨率：72dpi”，具体数据如图 9.37 所示。

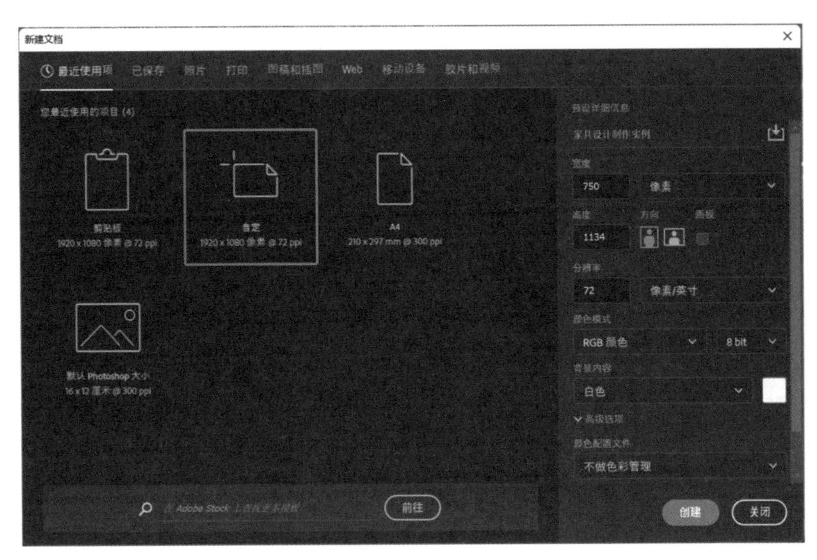

图9.37 建立文档

② 将“室内空间”拖入其中，构思衣柜框架后决定制作七排隔断衣柜。在“室内空间”图层中利用辅助线先框出大形，辅助线宽度位置为 20.5、28.8、38、47.7、58.3、69.9、81.5, 具体如图 9.38 所示。

图9.38 背景、框架

③ 新建图层“衣柜面板”, 利用“多边形套索工具”框出衣柜面板，最左面与墙角重合，右侧与辅助线重合。右侧正面添加辅助线，高度 41.4、72.5。右侧第二条辅助线处向内呈现凹状面板，留出右侧隔断位置。

④ 随后选择“渐变工具”，由“亮灰；不透明度：100%”向“白；不透明度：100”过渡。

最后呈现效果如图 9.39 所示。

图9.39 衣柜面板

⑤ 继续利用“多边形套索工具”制作衣柜侧面主体板，添加新图层“衣柜主体板”，用“多边形套索工具”框出主体板位置后将前景色调节为暗灰色，按“Alt+Delete”填充暗部。

⑥ 随后新建图层“隔断厚度 1”，利用“多边形索套工具”依据透视原理制作隔断厚度。具体如图 9.40 所示。

图9.40 衣柜暗部

⑦ 随后根据辅助线添加面板分割线。新建图层“面板分割线 1”，利用矩形选框工具沿着辅助线添加“面板分割线”，宽度: 0.2。调节前景色为黑色，按“Alt+Delete”填充黑色，修改图层“不透明度: 50%”。

⑧ 横向右侧利用“多边形套索工具”在“隔断”下方制作“面板分割线”，平分三份制作抽屉。面板上方利用“面板分割线”分割制作侧开柜门，左侧起点高度 45.2，右侧终点“高度: 41；宽度: 0.2”填充颜色、不透明度同上。完成一个“面板分割线”后按“Ctrl+C+V”

复制，最终效果如图 9.41 所示。

图9.41 面板分割线

⑨ 利用同样的方法在“面板分割线”附近添加衣柜把手。建立新图层“把手 1”，衣柜把手“上方高度: 68.3；宽度: 1.4；下方高度：触及底部即可”修改“背景色：灰色”，按“Ctrl+Delete”填充背景色。

⑩ 用同样方法填充前景色黑色，充当把手暗部。完成一个后按“Ctrl+C+V”复制、修改序号即可得到其余把手。具体如图 9.42 所示。

图9.42 衣柜把手

⑪ 随后利用“椭圆套索工具”制作圆形把手，新建图层“把手 4”，框出选区按

“Alt+Delete”填充黑色，具体位置如图 9.43 所示。

⑫ 给圆形把手添加立体效果。双击“把手 4”图层，添加“斜面和浮雕、投影”，斜面和浮雕结构“样式：内斜面；方法：平滑；深度：100%；方向：上；大小：5 像素；软化：0 像素”阴影“角度：140°；使用全局光；高度：30°；光泽等高线如图 9.44 所示；高光模式：滤色；白色；不透明度：75%；阴影模式：正片叠底；黑色；不透明度：75%”。

图9.43 圆形把手

⑬ 投影结构“混合模式：正片叠底；黑色；不透明度：75%；角度：140°；使用全局光；距离：2 像素；扩展：0 像素；大小：5 像素”品质“等高线如图 9.44 所示；杂色 0”。

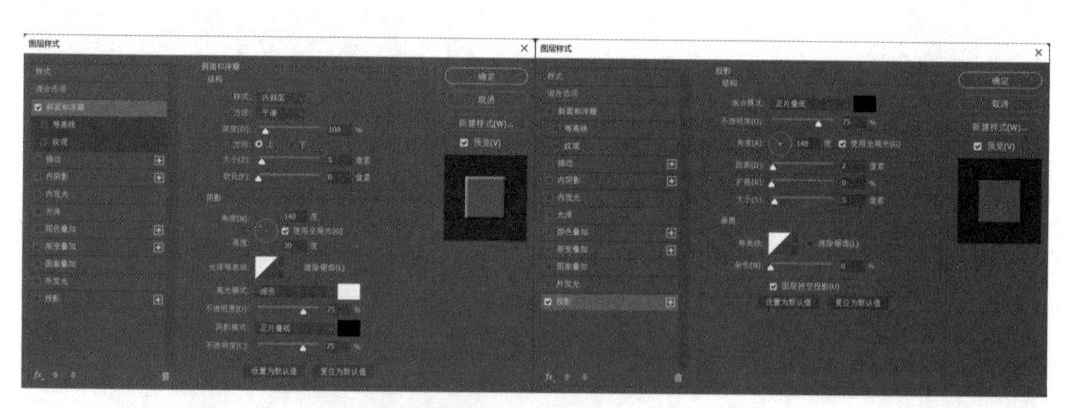

图9.44 圆形把手图层样式

⑭ 选择“多边形索套工具”，新建图层“隔断厚度 2”，按图 9.45 所示位置构建选区，按“Ctrl+Delete”填充背景色。具体如图 9.45 所示。

⑮ 随后在隔断内部填充“侧板”和“背板”。新建图层“格子侧板”，利用“多边形套索

工具”，按 Ctrl+Delete 填充背景色。新建图层“格子背板”，利用“多边形套索工具”，按 Alt+Delete 填充前景色。具体如图 9.46 所示。

图9.45 隔断厚度

图9.46 隔断侧背板

⑯ 利用同上办法制作隔断隔板，隔断完成具体效果如图 9.47 所示。

图9.47 隔断隔板

⑰ 新建图层“阴影 1”，选择“多边形索套工具”制作衣柜上方阴影选区，选择“渐变”工具,“不透明度: 100%；颜色：由灰至白”。在选区中按住“Shift”由左向右填充，图层“不透明度: 60”。添加图层面板，调整橡皮“不透明度: 30%；流量: 30%”，淡化阴影右侧过重部分。具体如图 9.48 所示。

图9.48 阴影1

⑱ 随后用同样的步骤制作右侧投影“投影 2”，注意右侧投影“不透明度: 50%”。完成所有投影后效果如图 9.49 所示。

图9.49 阴影2

⑲ 新建图层“格子射灯 1”，使用“笔刷”（喷笔工具“前景色：淡黄色；不透明度: 20%；流量: 60%”）进行喷涂，随后使用橡皮工具（“不透明度: 10%；流量: 15%”）在边缘进行涂抹，塑造出射灯灯光形状，利用“涂抹”工具对边缘进行虚化。最后新建“格子射灯灯光”制作灯光投影。具体如图 9.50 所示。

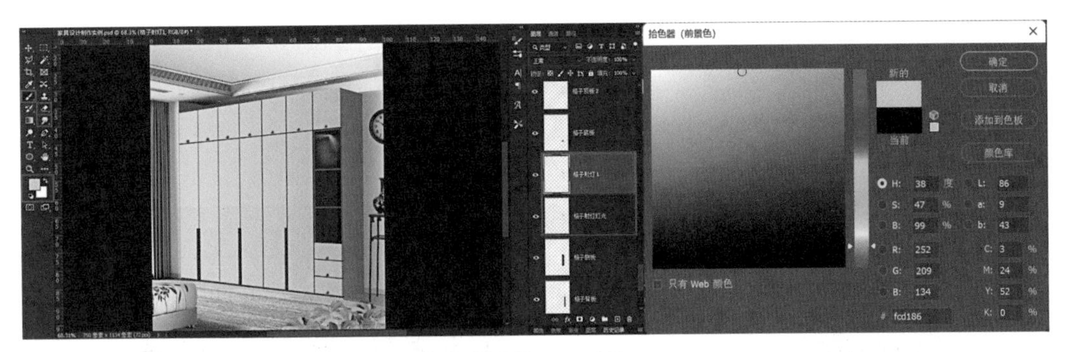

图9.50 格子射灯

⑳ 最后将做好的两个灯光特效合层。右键点击选中的图层选择“向下合层”，按“Ctrl+C+V”复制图层下移至另外两个隔断层中。随后将准备好的“女包、书、宇航员”依次放至指定位置。具体如图 9.51 隔断装饰所示。

图9.51 隔断装饰

㉑ 新建图层“阴影 3”，利用“多边形套索工具”按照左侧墙壁受光状态制作选区，按“Alt+Delete”填充“前景色：黑色”；图层“不透明度：15%”如图 9.52 所示。

图9.52 物体阴影

㉒ 新建图层“文字背景”，随后利用“钢笔工具”制作如图 9.53 所示“路径”，按“Ctrl+Enter”将“路径”转换成“选区”，修改“前景色：橄榄绿”按“Alt+Delete”填充前景色。

图9.53 文字背景

㉓ 使用横排文字工具在文字背景中添加“满足各种户型需求”文字。文字“字体：黑体；大小：24 点；VA：300；颜色：白色；文字：加粗”具体如图 9.54 所示。

图9.54 文字装饰

㉔ 随后修改文字颜色，添加大标题“简约衣柜 精品时尚”，艺术字为 ART SPACE、字体为黑体、“大小: 60 点; VA: 25; 颜色: 橄榄绿; 文字: 加粗”摆放位置具体如图 9.55 所示。

图9.55 大标题

㉕ 最后在大标题和文字框中间添加黑色英文小字以作衔接，“字体: Times New Roma；大小: 18 点; VA：25; 颜色: 黑色; 文字: 加粗，fi（标准连字）”具体如图 9.56 所示。

图9.56 添加英文小字

㉖ 最终完成效果如图 9.57 所示。

图9.57 衣柜设计最终效果

技巧点拨

在本章制作中需要注意，衣柜宣传图设计步骤烦琐，图层需要标注好以防混淆。图层蒙版的应用使图层有更好的表现效果。在衣柜设计中还需注意环境的影响，窗帘、墙壁的投影必不可少。衣柜本身与环境也要做到相互融合协调。灯光制作中喷笔、橡皮、模糊工具的联动使用也是重点。

家具设计体现了设计师水平。在家具设计制作过程中既要使顾客满意，又要贴合环境，还要兼顾使用效率。

9.4 小结

本章以实体宣传类作品为例，讲解了 Photoshop 2022 在工业设计中的应用，利用图片、文字、效果和钢笔、套索等工具进行制作，作品涉及产品包装、文娱作品、家具设计三类常见宣传作品。目的是使大家对工业设计有一定了解，进而学会制作。

本章制作多偏向于实际应用，所以在设计过程中要注意以下几点：

① 辨识：一个产品的包装方法、画面内容，乃至字体和颜色的选择，都是有据可循的，在设计时应保持一定的辨识度。

② 体验：多站在消费者角度思考问题，满足消费者需求，保证使用体验。

③ 物流：在设计时要考虑到物流运输的影响，确保产品的完整性。

④ 传达：设计时需考虑其宣传价值，以及如何利用消费者进行无形的产品宣传。

参考文献

[1] Wolper Vickie Ellen. Photograph Restoration and Enhancement:Using Adobe Photoshop CC 2021 Version[M].Mercury Learning & Information,2020.

[2] Martin Evening. Adobe Photoshop for Photographers:2020 Edition[M]. Taylor and Francis,2020.

[3] 李金明，李金蓉. Photoshop 2020完全自学教程[M]. 北京：人民邮电出版社，2020.

[4] 福克纳，查韦斯. Adobe Photoshop 2020经典教程[M]. 北京：人民邮电出版社，2021.

[5] 唯美世界，瞿颖健. Photoshop 2022从入门到精通[M]. 北京：中国水利水电出版社，2022.

[6] 凤凰高新教育. PS教程：迅速提升Photoshop核心技术的100个关键技能[M]. 北京：北京大学出版社，2021.

[7] 蜂鸟网. 蜂鸟摄影学院Photoshop后期宝典[M]. 北京：人民邮电出版社，2022.

[8] 冯注龙. PS之光：一看就懂的Photoshop攻略[M]. 北京：电子工业出版社，2020.

[9] 敬伟. Photoshop 2021中文版从入门到精通[M]. 北京：清华大学出版社，2021.

[10] 李守红，神伟. Photoshop 2022淘宝天猫电商产品图精修[M]. 北京：清华大学出版社，2022.

[11] 张修. Photoshop海报设计技巧与实战[M].北京：电子工业出版社，2021.

[12] 郭惠. Photoshop+Adobe Camera Raw+Lightroom摄影后期照片润饰实战 [M]. 北京：清华大学出版社，2022.

[13] 杨云光，曹玉民.平面设计中Photoshop软件的应用[J]. 电子技术与软件工程，2022(05):80-83.

[14] 程杰. Photoshop课程案例拓展实践的应用研究[J]. 科技风，2022(02):17-19.

[15] 杨婧.基于设计美学在Photoshop课程教学与实施中的应用研究[J]. 信息与电脑(理论版)，2022，34(01):251-253.

[16] 闫俊辉. Photoshop CS 6中选区的方法及应用[J]. 现代计算机，2022，28(01):106-108.

[17] 柴晓霞. 浅谈Photoshop技术在图像合成中的应用[J]. 数字通信世界，2021(08):157-158+180.

[18] 张娜. Photoshop软件在艺术设计中的应用研究[J]. 科技创新与应用，2021，11(13):178-180.

[19] 司元伟，满孝杰. 多媒体创作与Photoshop软件的应用[J]. 电子技术与软件工程，2021(07):52-53.